料理の幅がグンと広がる

調味料検定
公式テキスト

本書の使い方

本書は、「調味料検定」唯一の公式テキストです。試験のための学習に用いるのはもちろん、日々の料理においても役に立つ知識がちりばめられています。

調味料に興味がある方はもちろん、毎日キッチンに立つ方、料理好きな方、あるいは料理を勉強中の初心者さん、どんな方でも楽しく学べるようにまとめました。

構成は、しょうゆ、味噌、酢、塩、砂糖、みりん、酒・麹、出汁、現代の調味料、香辛料の10章立てです。それぞれの基礎知識やJASなどの規定、種類、栄養素、調理効果、そして合わせ調味料などを解説しました。また、資料編のページでは各調味料の製造工程と歴史を紹介しています。

各章で重要な語句や用語は、巻末の索引にまとめてあります。調味料を知るため、日々の料理を楽しむために知っておくべき用語ポイントです。

また、世界には無数の調味料がありますが、本書は、日本の食卓でよく使う、みなさんに身近な調味料を中心にまとめています。

巻末には、第1回の試験で実施される「初級」「中上級」それぞれの模擬問題をご用意しています。本書の内容がひと通り頭に入ったら、あなたの料理の幅はグンと広がっているはず。腕だめしのつもりで取り組んでみましょう。

なお、本書に記載しているレシピにおいて、特別に種類を明記せず「しょうゆ」「味噌」「酢」としているものは、それぞれ「濃口しょうゆ」「米味噌」「米酢」を指します。あらかじめご了承ください。

また、商品パッケージなどの写真はイメージとして掲載しており、必ずしも本文のすべての内容と一致するものではありません。

はじめに

　わたしたちが毎日の料理で、当たり前のように使っている調味料。毎日食べる食材にこだわっている人でも、調味料は何となく選び、使っていることも多いのではないでしょうか。

　しかし、料理をおいしくするために生み出され、長い年月を生き続け、そして変化をし続けてきた調味料には、それぞれ非常に奥深い世界があるのです。

　たとえば、和食の味つけの基本「さしすせそ」。

　これは砂糖、塩、酢、しょうゆ（せうゆ）、味噌の語呂合わせですが、同時に基本の投入順も示しています。どうして砂糖が最初で、味噌が最後なのでしょう。そこにはきちんとした理由があります。

　毎日使う調味料を知ることは、料理の世界を広げることにつながります。

　しょうゆのおいしさの秘密、肉じゃがで砂糖が果たしている役割、マヨネーズの意外な活用法、世界中に広がった香辛料、地域に根ざして愛されている味噌など、知っているようで知らない、本当の調味料の世界を、この機会に学んでみませんか。

目次

本書の使い方・・ 002
はじめに・・・ 003

第一章　しょうゆ

しょうゆとは・・ 010
しょうゆの種類・・ 012
しょうゆの原材料・・・ 016
地方によるしょうゆの違い・・・・・・・・・・・・・・・・・・・・・・・・・・・・・・・・・・ 018
しょうゆの合わせ調味料・タレ・・・・・・・・・・・・・・・・・・・・・・・・・・・・・・ 020
ひと工夫でおいしいしょうゆの利用法・・・・・・・・・・・・・・・・・・・・・・ 022
調味料トピックス　魚介類でつくるしょうゆ「魚醤」・・・・・・・・・・・ 024

第二章　味噌

味噌とは・・ 026
味噌の種類・・・ 028
味噌の原材料・・・ 030
地方による味噌の違い・・・・・・・・・・・・・・・・・・・・・・・・・・・・・・・・・・・・ 032
味噌を使ったおもな郷土料理・・・・・・・・・・・・・・・・・・・・・・・・・・・・・・ 034
味噌の合わせ調味料・タレ・・・・・・・・・・・・・・・・・・・・・・・・・・・・・・・・・ 036
調味料トピックス　味噌ラーメン誕生・・・・・・・・・・・・・・・・・・・・・・・ 038

第三章　酢

酢とは･･･　040
酢の種類･･･　043
世界のおもな酢･･････････････････････････････････････　047
酢の合わせ調味料････････････････････････････････････　048
酢でつくるドレッシング･････････････････････････････　050
調味料トピックス　酢のふしぎ････････････････････････　052

第四章　塩

塩とは･･･　054
塩の種類･･･　056
世界の塩の分布･･････････････････････････････････････　060
塩の合わせ調味料・香り塩･･･････････････････････････　062
調味料トピックス　塩の意外な利用法･･････････････････　064

第五章　砂糖

砂糖とは･･･　066
砂糖の種類･･･　069
砂糖でつくるソース･････････････････････････････････　073
調味料トピックス　金平糖にまつわるあれこれ･････････　074

第六章　みりん

みりんとは・・076
みりんの種類・・・078
調味料トピックス　みりんプリンのつくり方・・・・・・・・・・・・・・・・・・080

第七章　酒・麹

酒とは・・・082
酒の種類・・083
麹とは・・・085
調味料トピックス　万能調味料「塩麹」・・・・・・・・・・・・・・・・・・・・・・086

第八章　出汁

出汁とは・・088
出汁の種類〜かつお節・・・・・・・・・・・・・・・・・・・・・・・・・・・・・・・・・090
出汁の種類〜昆布・・・・・・・・・・・・・・・・・・・・・・・・・・・・・・・・・・・・092
出汁の種類〜煮干し・・・・・・・・・・・・・・・・・・・・・・・・・・・・・・・・・・094
出汁の種類〜干ししいたけ・・・・・・・・・・・・・・・・・・・・・・・・・・・・・096
基本的な出汁の取り方・・・・・・・・・・・・・・・・・・・・・・・・・・・・・・・・098
出汁の種類〜うま味調味料・・・・・・・・・・・・・・・・・・・・・・・・・・・・・102

第九章　現代の調味料

マヨネーズとは	104
マヨネーズでつくるソース・ドレッシング	106
ケチャップとは	108
ケチャップでつくるソース	110
ソースとは	112
地方によるソースの違い	114
ソースでつくるソース	115
調味料トピックス　バナナケチャップとは？	116

第十章　香辛料

唐辛子とは	118
こしょうとは	122
わさびとは	124
山椒とは	126
調味料トピックス　こしょうの使い分け	128

資料編　調味料の製造工程と歴史

しょうゆの製造工程	130
しょうゆの歴史	134

味噌の製造工程	136
味噌の歴史	138
酢の製造工程	140
酢の歴史	141
塩の製造工程	142
塩の歴史	144
砂糖の歴史	145
砂糖の製造工程	146
みりんの製造工程	148
みりんの歴史	149
酒・麹の製造工程	150
酒・麹の歴史	152
現代の調味料の製造工程	154
現代の調味料の歴史	156
調味料の保存方法と賞味期限	158
調味料の正しい計り方	160

「調味料検定」模擬問題集

模擬問題【初級】	163
模擬問題【初級】解答と解説	166
模擬問題【中上級】	168
模擬問題【中上級】解答と解説	170
索引	173
参考文献・協力	175

第一章 しょうゆ

しょうゆの基本

- **年間消費量**
  1人あたり 6.2ℓ
- **出荷量1位**
  千葉県（約28万7000kℓ）

「醤油の統計」平成27年度版による。
平成26年の数値

大さじ1（18g）あたりの カロリー、食塩相当量

	カロリー	塩分換算量
●濃口	13kcal	2.6g
●淡口	10kcal	2.9g
●たまり	20kcal	2.3g
●再仕込み	18kcal	2.2g
●白	16kcal	2.6g

（文部科学省「食品成分データベース」による）

しょうゆとは

わたしたち日本人の食卓に欠かせない調味料の代表といえば、しょうゆでしょう。

しょうゆとは、おもに大豆などの穀物や諸味、生揚げなどを原料とし、本醸造方式、または混合醸造方式、または混合方式によってつくられた液体調味料です(農林水産省「しょうゆ品質表示基準」より)。

❖ しょうゆのおいしさ〜5つの基本味

しょうゆが持つ、奥深く、繊細な味わいは、味覚を構成する基本要素として知られる甘味、酸味、塩味、苦味、うま味の5つの基本味(五元味)をすべて備えているところから生まれます。この精妙なハーモニーをつくりだすのは、麹菌、乳酸菌、酵母といった微生物がおこなう「発酵」という働きです。

しょうゆの甘味は、小麦などに含まれるでんぷんが麹菌に含まれるアミラーゼという酵素によって分解され、ブドウ糖に変化するところから生じます。またガラクトース、キシロースなどの糖類もつくられます。またブドウ糖の一部は、酵母の働きによってグリセリンなどの糖アルコールに変化することで、さらに複雑な甘さと香りを生み出すのです。しょうゆには、リンゴやバラ、バニラなど、約300種類の香り成分が含まれることがわかっています。

しょうゆの酸味は、ブドウ糖の一部が乳酸菌の働きによって、乳酸や酢酸、コハク酸といった約9種類の有機酸に変化したもの。そのため、一般的なしょうゆは弱酸性になっています。酸性度を表す水素イオン指数pH(pH7.0が中性で、数字が小さいほど酸性、大きいほどアルカリ性)でいうと、しょうゆはpH4.7〜5.0くらいに位置します。

しょうゆの塩味は、しょうゆの原料である塩によるものです。平均的な濃口しょうゆの塩分濃度は15〜17%、海水の5〜6倍にあたります。しかし、甘味や酸味などによって、その刺激はやわらげられ、柔らかく、丸く、深い味わいになっています。

しょうゆの苦味を生み出す成分はしょうゆに含まれるイソロイシンなどのアミノ酸やペプチド類です。酸味、塩味と同時に存在することで、苦さではなく、全体にコクを与える隠し味になっています。

しょうゆのうま味の正体は、約20種類のアミノ酸です。大豆に含まれるたんぱく質が麹菌内にある酵素プロテアーゼによって分解され、グルタミン酸などのアミノ酸に変化します。

発酵
食べ物が微生物の働きによって分解されて変化し、人間にとって有益に作用すること。発酵をおこなう微生物のことを総称して「発酵菌」という。発酵菌は、発酵中に香り成分や新しい味わい、色、栄養価を作り出す。

❖ しょうゆの調理効果

　下ごしらえ、調理、仕上げ、卓上での味の調整といったあらゆる場面で活用できるしょうゆは「万能調味料」とも呼ばれています。食材も野菜、肉、魚あらゆるものに使えますし、和食、洋食、中華など、料理のジャンルも不問。これはしょうゆの持つ効果によるものだからです。

◇ 消臭効果

　しょうゆには、肉や魚の生臭いにおいを消す効果があります。刺身にしょうゆをつけると、魚臭さの原因物質であるトリメチルアミンを中和させることができます。これはトリメチルアミンのアルカリ性をしょうゆの酸味で中和させるから。日本料理の伝統的な下ごしらえ法「しょうゆ洗い」も同じ効果で、魚や肉の臭みを消すものです。

◇ 加熱効果

　しょうゆは加熱されると、食欲をそそる照りと色、そして芳香を放ちます。これはしょうゆに含まれるアミノ酸と、みりんや砂糖に含まれる糖分がメイラード反応をしたときに生じるメラノイジンという色素によるもの。照り焼きは、この効果を利用しています。

◇ 静菌・殺菌効果

　しょうゆに含まれる食塩、有機酸、アルコールには大腸菌などの増殖をくい止めたり（静菌）、死滅させる（殺菌）効果があります。しょうゆ漬けや佃煮は、この効果を利用した調理法です。

◇ 緩衝効果

　わたしたちが「おいしい」と感じる食べ物の多くは弱酸性。もっともおいしいと感じるのは、食材が弱酸性（pH 4〜6）の状態にあるときだと考えられています。しょうゆはもともと弱酸性ですが、さらに食材のpHが大きく変化することを抑える「緩衝能」という性質も備えています。そのため、幅広い料理のpHを弱酸性に保つことができるのです。弱アルカリ性である納豆や生卵にしょうゆがよく合うのは、こういった理由からです。

◇ 対比効果

　しょうゆには食材や料理の持つ甘味を引き立たせる効果があります。甘い煮豆の仕上げに少量のしょうゆを加える調理法は、この効果を利用したもの。スイカに塩をかけるのと同じように、ほんの少しのしょうゆが料理の甘みをかえって引き立たせてくれるのです。

◇ 抑制効果

　塩辛すぎる食材に少量のしょうゆをたらすと、塩味をやわらげることができます。これはしょうゆに含まれる有機酸類に、塩味を抑える働きがあるからです。

◇ 相乗効果

　だしとしょうゆが合わさると、双方のうま味を深めることができます。これはしょうゆのうま味成分であるグルタミン酸が、かつお節や煮干しに含まれるイノシン酸、干ししいたけに含まれるグアニル酸と合わさり、コクのある深いうま味が生まれるからです。

しょうゆの種類

しょうゆの種類は地域、メーカーごとに非常に多くありますが、JAS規格※では大きく「濃口」「淡口」「たまり」「再仕込み」「白」の5種類に分類されています。

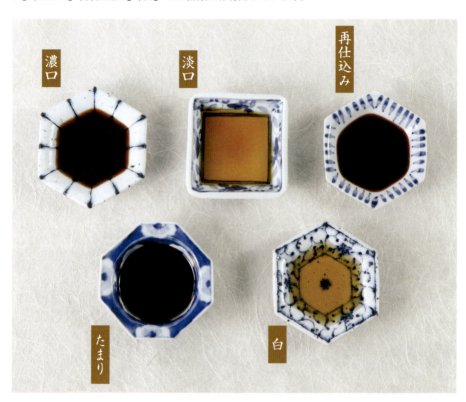

江戸時代に関東地方で生まれた明るい赤橙色のしょうゆです。最初は関東中心でしたが、やがて地域を問わず、全国各地で製造、利用されるようになりました。現在、日本で製造されているしょうゆの8割以上が、濃口しょうゆです。もっとも一般的なしょうゆといえるでしょう。基本的な製法は、大豆と小麦をほぼ1対1の割合で使い、食塩水で仕込み、約6カ月発酵、熟成させます。調理用から、卓上での味付け用まで幅広い用途に使われています。

JAS規格
JAS法（農林物資の規格化及び品質表示の適正化に関する法律）が定める、飲食品料などの品位、成分、性能などの品質についての規格。これを満たしていることを確認した製品にJASマークを付けることができる。

淡口

現在、出荷されるしょうゆの1割強を占め、濃口に次いで全国で親しまれているしょうゆです。兵庫県たつの市で生まれたといわれており、今でもとくに関西地方でよく使われています。原材料として大豆と小麦をほぼ1対1の割合で使うのは、濃口しょうゆと同じですが、仕込みに用いる食塩水の濃度が高く、さらに多く用いるのが特徴。その後6カ月弱、発酵、熟成させて出荷されます。濃口に比べると、色が淡く、香りも控えめなので、おもに素材の色合いや香りを生かしたい、煮物などの調理用に使われています。

再仕込み

山口県柳井市周辺で生まれ、長くその周辺地域で親しまれてきたしょうゆでしたが、現在では少量ながらも全国で製造されています。色、味、香りともに濃厚なので、「甘露(かんろ)しょうゆ」と呼ばれることもあります。原材料は濃口、淡口しょうゆと同じですが、仕込みに食塩水ではなく、生揚げしょうゆ（諸味(もろみ)を搾ったままのしょうゆ）を使うのが最大の特徴です。発酵、熟成は一般的に約6カ月。おもに卓上用の調味料で、寿司、刺身、冷奴などに使われています。

たまり

おもに東海地方（愛知・岐阜・三重各県）で製造され、使われているしょうゆです。豆味噌の製造過程で生まれたといわれており、濃口、淡口よりも長い歴史を持っています。独特の香りがあり、色は濃く、とろみを持ち、うま味が強いのが特徴です。おもに照り焼き、佃煮、せんべいなどの調理・加工用に使われますが、寿司や刺身などを食べる際の卓上用調味料としても活躍します。原料の大半は大豆で、小麦は使う場合でもごくわずか。6カ月〜1年と長い時間をかけて発酵、熟成されるのも特徴です。

白

愛知県碧南(へきなん)市周辺で誕生したしょうゆで、おもに三河地方で生産、消費されています。名前の通り、色は淡く、琥珀(こはく)色のしょうゆです。味も淡めですが、塩味と甘みは強く、特有の香りを持っています。この特徴を生かして、お吸い物、茶碗蒸しなどの調理、漬物の加工にも使われています。原材料の大半は小麦。大豆はごく少量しか使いません。低温で約3カ月、発酵、熟成されます。近年では、この白しょうゆに出汁やみりん、塩などをくわえた「白だし」（p.20参照）が人気を集めています。

❖ しょうゆの規格

　日本では、いわゆる「JAS法」に基づいて、ふたつの「JAS制度」を設けています。農林水産大臣が制定した「JAS規格制度」と、内閣総理大臣が制定した「品質表示基準制度」です。
　それでは、しょうゆにおけるJAS制度の枠組みを紹介しましょう。
　JAS規格ではしょうゆの種類によって、その特性や、うま味成分の指標である窒素分、色の濃さ、薄さなどが数値として決められています。しょうゆのうま味成分であるグルタミン酸やその他多くのアミノ酸類は、必ず窒素分を含んでいるのが特徴です。したがって、しょうゆ中の窒素分の多いものほど、うま味のあるしょうゆということがいえます。また、色の度合いや無塩可溶性固形分（エキス分）、直接還元糖などの分析値及び官能検査についても品質標準に合格していなければなりません。

JAS規格によるしょうゆの分類

特性			濃口	淡口	再仕込み	たまり	白
色度（番）			透明感のある明るい赤橙色（色度10〜13が一般的）	濃口より淡い（濃口と比較して約3分の1の淡さ）	たまりと同程度（濃口と比較して数倍濃くなっている）	濃口よりかなり黒味がかっている（濃口と比較して数倍濃くなっている）	美しい琥珀色。5種類の中でもっとも淡い（濃口と比較して約5分の1の淡さ）
味(%)	味の基本的な成分	窒素分	1.5〜1.6	1.15〜1.2	1.6〜2.5	1.6〜3.0	0.4〜0.6
		エキス分	16〜19	14〜16	21〜31	16〜27	16〜24
		食塩分	16〜17	18〜19	12〜14	16〜17	17〜18
香り（HEMF:ppm）※しょうゆの基本となる香り			200	淡口、再仕込み、たまり、白の順にHEMFの香りは少しずつ弱くなってきます。			

❖ しょうゆの等級の種類

　JAS認定を受けた工場でつくられ、JAS規格に合格したしょうゆはJASマークをつけることができます。一方、非認定工場の製品にはJASマークはつけられません。したがって、しょうゆにはJASマークのついているものとついていないものとがあります。ただし、認定工場の製品でもJASマークをつけるか、つけないかは任意です。
　JASマークのしょうゆには「特級」「上級」「標準」のいずれかが表示されています（等級の違いは右ページ上表参照）。「特級」の表示は本醸造方式のしょうゆと、特例として「再仕込みしょうゆ」の混合醸造方式に限って認められています。

しょうゆの種類と等級・成分等［規格値と実績値（）内］

種類	等級／成分等	全窒素分（%）	色度（番）	無塩可溶性固形分(%)	直接還元糖（%）
濃口	特級	1.50以上 (1.50～1.60)	18未満 (10～13)	16以上 (16～19)	-
濃口	上級	1.35以上	〃	14以上	-
濃口	標準	1.20以上	〃	-	-
淡口	特級	1.15以上 (1.15～1.20)	22以上 (30～32)	14以上 (14～16)	-
淡口	上級	1.05以上	〃	12以上	-
淡口	標準	0.95以上	18以上	-	-
再仕込み	特級	1.65以上 (1.65～2.50)	18未満 (1～2)	21以上 (21～31)	-
再仕込み	上級	1.50以上	〃	18以上	-
再仕込み	標準	1.40以上	〃	-	-
たまり	特級	1.60以上 (1.60～3.00)	18未満 (1～2)	16以上 (16～27)	-
たまり	上級	1.40以上	〃	13以上	-
たまり	標準	1.20以上	〃	-	-
白	特級	0.4以上 0.80未満 (0.40～0.60)	46以上 (51～53)	16以上 (16～24)	12以上 (12～21)
白	上級	0.40以上 0.90未満	〃	13以上	9以上
白	標準	〃	〃	10以上	6以上

❖ 減塩しょうゆとうす塩（あま塩）しょうゆ

　淡口しょうゆとよく間違われるものに、「減塩しょうゆ」「うす塩（あま塩、あさ塩、低塩）しょうゆ」があります。

　製造工程（p.130参照）を見ればわかるように、淡口しょうゆは、一般的な濃口しょうゆに比べ、1割ほど多くの食塩を用います。色や香りは控えめですが、塩分は多いのです。

　これに対して、減塩しょうゆ、うす塩（あま塩、あさ塩、低塩）しょうゆは、いずれも濃口しょうゆに比べ、塩分を少なくしたしょうゆです。塩分の摂取量に気を配りたいという消費者の健康ニーズの高まりから生まれた新しいしょうゆといえるでしょう。その食塩含有量は「しょうゆ品質表示基準」によって定められています。

　減塩しょうゆは、食塩の含有量が100g中9g以下（濃口しょうゆの約50％以下）のものです。この条件を満たしたしょうゆだけが、この名前を名乗ることができます。

　うす塩（あま塩、低塩、あさ塩）しょうゆも、そのベースとなっている5種類のしょうゆ（濃口、淡口、再仕込み、たまり、白）に比べ、食塩含有量が80％以下、50％以上のものです。

　ちなみに、減塩しょうゆの製造では、通常の濃口しょうゆを製造してから、電気透析などの方法で食塩を取り除く「脱塩」という工程を加えています。時間と手間が余分にかかる分だけ、少し値段が高くなることが多いです。

しょうゆの原材料

　しょうゆの製法には、本醸造、混合醸造、混合の3つがあります。80％以上を占める本醸造方式の場合、原材料となるのは大豆、小麦、種麹、塩。混合醸造方式、混合方式では、これにアミノ酸液などが加わります。また、調味料、甘味料、着色料などが使われているしょうゆもあります。

❖ 本醸造方式の原料

大豆

　大豆はたんぱく質を多く含むので、しょうゆにうま味（アミノ酸）をもたらします。しょうゆの原料となる大豆は、「脱脂加工大豆」と「丸大豆」。現在多くのメーカーで用いられているのは脱脂加工大豆です。これは名前の通り、脂肪分を取り除いた大豆で、しょうゆづくりの過程で分離し、表面に浮かんでくる油をあらかじめ取り去っておこうという考えから生まれたものです。取り除かれた脂肪分は、食用油として活用されています。しかし、近年、大豆に含まれる脂肪分の一部が醸造によってグリセリンに変化し、しょうゆにまろやかさを与えることがわかってきました。そこで脱脂をしない丸大豆を使った伝統的なしょうゆの人気も高まってきています。

小麦

　しょうゆに甘味、酸味、コク、そして香りをもたらすのは小麦に含まれるでんぷんです。多くの場合、炒った小麦を砕いて使用しますが、白しょうゆでは、精白したものを蒸して原料とします。

種麹

　大豆や米、麦のような穀物は、コウジカビなどの微生物によって発酵されると、おいしく、食べやすくなります。このような食品発酵に適した微生物（麹菌）を培養させたものが「麹」です。種麹は、しょうゆを醸造するために必要な麹菌をあらかじめ培養しておいたものです。しょうゆの製造では、大豆、小麦に種麹を加えたものを「しょうゆ麹」と呼びます。

塩

　食塩は水に溶かした食塩水として使います。塩味のもととなるだけでなく、原材料を腐敗させる有害な菌の繁殖を抑えつつ、同時に麹菌・乳酸菌・酵母といったしょうゆ醸造に欠かせない有用な微生物を適切に働かせる効果があります。しょうゆ麹に食塩水を加えたものが「諸味」です。またこの食塩水を加える工程を「仕込み」といいます。

❖ 混合醸造方式・混合方式の原料と工程

アミノ酸液

　アミノ酸液とは大豆や小麦のたんぱく質成分だけを塩酸で分解して、中和させたものです。

　混合醸造方式では、本醸造方式の製造過程でできた「諸味」に、このアミノ酸液を加えた「混合醸造諸味」をつくり、これを撹拌しながら1カ月以上発酵、熟成させます。

　混合方式は、本醸造方式の製造過程でできる「生揚げしょうゆ」（諸味を発酵、熟成させ、搾った状態のもの）に、アミノ酸液を加えて撹拌し、加熱処理するものです。

　アミノ酸液の代わりに、酵素分解調味液（大豆などを酵素で分解させたもの）、発酵分解調味液（小麦のたんぱく質〈グルテン〉を発酵、分解させたもの）を使う場合もあります。

　製造工程については、p.132以降で解説します。

しょうゆの名称表記の解説

長熟・長期熟成	濃口・たまり・再仕込みであり、本醸造のしょうゆ。そして諸味の熟成期間が1年以上であるもの（醸造期間はラベルに併記してある）。
蔵	諸味工程を蔵でおこなったしょうゆ。
仕込み桶	諸味工程を桶（木桶、杉桶など）でおこなったしょうゆ。
手造り	天然醸造であり、麹蓋、筵（むしろ）で製麹し、手入れは人手でおこなったしょうゆ。また、諸味の撹拌（かくはん）も手作業でおこなう。
丸大豆	脱脂加工大豆は一切使用していないしょうゆ。
生（なま）	火入れをおこなわず、火入れと同等の殺菌処理をおこなったしょうゆ。
生引	本醸造のたまりしょうゆ。

もっと知りたい！ 調味料のこと

「醤油」の「油」とは？

　しょうゆの製造には油が使われないのに、漢字で「醤油」と書くのは不思議ですね。

　その起源は、「油油」という、大きな川などがゆったりと流れるさまを表現する古い熟語が有力だとされています。そこから転じて、「とろりとした液体」のことを、漢字をもじって「油」と呼ぶようになりました。それに、しょうゆの前段階のひとつである「醤」の文字が合わさって、「醤油」とされたそうです。

第一章　しょうゆ

地方によるしょうゆの違い

 近畿地方
淡口しょうゆ エリア

淡口しょうゆの発祥の地である近畿地方。やはり、淡口しょうゆの消費量が多い傾向があります。茶道と関わりの深い懐石料理、寺院で生まれた精進料理、京都を中心とした伝統的な薄い味付けに、淡口しょうゆはうってつけなのでしょう。濃口しょうゆが普及した今でも両者を併用する習慣が根付いています。

甘口 北陸、中国、四国、九州地方
甘口しょうゆ エリア

北陸、中国（とくに日本海側）、四国、九州地方のしょうゆは甘いのが特徴です。混合醸造方式、混合方式、甘味を強調した甘口しょうゆが、家庭で一般的に使われています。地域やメーカーによって、その製法はさまざまで、砂糖やブドウ糖のほか、甘草、ステビアなどの天然甘味料、ソルビトール、サッカリンなどの人工甘味料を使い、塩気をまろやかにしたり、甘みを強調するといった個性豊かなしょうゆが親しまれています。また、九州では、この甘口しょうゆと淡口しょうゆを使い分ける習慣もあるようです。

また、山口県で生まれた再仕込みしょうゆも、中国、四国エリアの一部で根強い支持を得ています。

濃口 — 北海道、東北、関東甲信越地方
濃口しょうゆ エリア

関東で生まれた濃口しょうゆは、北海道、東北、関東、甲信越地方でも主役の座についています。現在でもしょうゆ生産量トップの都道府県は野田市、銚子市のある千葉県。小麦を豊富に使うことができたので、風味豊かな濃口しょうゆをつくることができたのです。濃口しょうゆは、新鮮な魚を使った江戸前の寿司の発展にも大きく貢献しました。また、江戸で人気を集めたもう1つの調味料がみりんです。江戸の味といわれる「甘辛」の蒲焼き、佃煮はこの2つが欠かせないものでした。

たまり — 東海地方（愛知、岐阜、三重）
たまりしょうゆ エリア

たまりしょうゆの産地である愛知県の周辺である東海地方では、今もたまりしょうゆが広く親しまれています。濃口しょうゆも浸透していますが、用途によって使い分ける家庭が多いようです。白しょうゆも、他の地域より多く使われています。

しょうゆの合わせ調味料・タレ

しょうゆを使った合わせ調味料・タレのうち、代表的なものを紹介します。

✦ 八方出汁 ✦ 煮物に、おひたしにと万能の出汁

＜材料＞
出汁…2カップ　しょうゆ…1/4カップ
みりん（または砂糖）…1/4カップ

＜つくり方＞
出汁をひと煮立ちさせてしょうゆとみりんを加える
※出汁：しょうゆ：みりんまたは砂糖が8：1：1になるように作るのが基本の割合

✦ 白出汁 ✦ 出汁巻き卵やお吸い物に

＜材料＞
酒…1カップ　みりん…1/2カップ　白しょうゆ…大さじ1
塩…大さじ1と1/2　昆布…5cm　かつお節…50g

＜つくり方＞
1．鍋に酒、みりんを入れ、アルコールを飛ばし火を止める　2．1が熱いうちに白しょうゆと塩を加えて混ぜ合わせ、さらに昆布とかつお節を加える　3．混ぜないで、かつお節が沈み冷めるまでおく。冷めたらこす

✦ すき焼き割下 ✦ すき焼きを楽しむ甘口のタレ

＜材料＞
しょうゆ…3/4カップ　みりん…1/2カップ
砂糖…大さじ1/2　酒…大さじ1/2　水…3/4カップ　出汁…適量

＜つくり方＞
1．鍋に出汁以外の材料を入れてひと煮立ちさせる。　2．出汁を加えて、好みの加減に薄める

冷やし中華のタレ
さっぱりした後味にごま油の風味が香る

<材料>
お酢…大さじ2　砂糖…大さじ1
ごま油…大さじ1　鶏ガラスープ…大さじ2
しょうゆ…大さじ2

<つくり方>
すべての材料を混ぜ合わせる

漬けしょうゆ
お刺身にじっくりとしみ込ませて

<材料>
酒（煮きり）…大さじ1　みりん（煮きり）…大さじ1
たまりしょうゆ…大さじ3

<つくり方>
1. 酒とみりんを鍋で煮切る
2. 醤油たまりしょうゆを加え、沸いてきたら火を止める

その他の合わせ調味料・タレ

名称	材料	つくり方
照り焼きダレ	しょうゆ…大さじ2 酒…大さじ2 みりん…大さじ2 砂糖…大さじ1	すべての材料を混ぜ合わせる
角煮ダレ	酒…1/2カップ みりん…1/2カップ しょうゆ…1/2カップ 砂糖…大さじ3	すべての材料を混ぜ合わせる
白身魚の煮つけタレ	水…1/2カップ しょうゆ…大さじ2 みりん…大さじ2 酒…大さじ2	すべての材料を混ぜ合わせ、鍋で煮立たせる

第一章　しょうゆ

ひと工夫でおいしいしょうゆの利用法

◇ 煮物の味つけ

　味つけの基本は濃口しょうゆですが、火を止める直前に、たまりしょうゆを少量使うと、表面につやを出すことができます。薄味にしたり、食材の色を生かしたいときには淡口しょうゆを。

◇ 刺身につける

　赤身魚にはたまりしょうゆや再仕込みしょうゆのような濃厚なもの、白身魚には濃口しょうゆや淡口しょうゆが合うといわれています。

◇ 刺身・切り身魚のしょうゆ漬け

　たまりしょうゆとみりん、日本酒を煮切ったものに刺身を漬け込みます。かつては保存と臭み消しのための下処理でしたが、現在ではそのおいしさに注目が集まるようになりました。
　切り身魚に下味をつける場合は、漬け込んだ状態でパックに入れ、冷凍すると味がよくしみ込みます。

◇ 卵かけごはんにかける

　溶き卵を入れるより先に、ごはんにしょうゆだけをかけて混ぜると、しょうゆの香りを生かした卵かけごはんになります。

◇ 卵黄のしょうゆ漬け

　卵黄を1～2日間しょうゆ漬けにすると、ごはんのすすむおいしいおかずになります。ねっとりした食感は、おつまみとしても。

◇ しょうゆを一滴垂らす

- バニラアイスクリームに一滴
　自然な甘味を引き立て、後味をさわやかにします。
- 梅干しに一滴
　塩辛さを和らげます。
- 番茶に一滴
　しょうゆに含まれるバラなどの香り成分が風味を高め、後味もすっきりします。
- カステラ、栗まんじゅう、ようかんに一滴
　焼き上げるタイミングで一滴垂らすと、香ばしさが際立ちます。

第一章 しょうゆ

もっと知りたい！ 調味料のこと

しょうゆと醤（ジャン）

　中国の調味料「醤」（ジャン）は、その製法、味わいなどを見ても、日本のしょうゆ、味噌と非常によく似た背景を持つ調味料です。長い歴史、広い国土、さまざまな民族を有する中国では、各地で多種多様な醤がつくられ、豊かな食文化を形成してきました。その独特の味わいは中華料理という枠を越え、今では、日本の食卓にも定着しつつあります。

豆板醤（トウバンジャン）

　そら豆と唐辛子を主原料とし、麹と塩で発酵させた調味料。中国を代表する醤の1つで、辛い味付けを好む四川省がおもな産地です。辛さが印象的ですが、加熱するとさわやかで食欲をそそる香りが引き立ち、日本でも広く使われるようになりました。

甜麺醤（テンメンジャン）

　小麦粉と塩、麹でつくられる発酵調味料。中華甘味噌と呼ばれることもあるように、甘い風味が特徴です。八丁味噌に似ているので、近年は大豆でつくることもあります。烤鴨子（カオヤーツ。北京ダックのこと）や回鍋肉（ホイコーロー）には欠かせない醤です。

XO醤（エックスオージャン）

　20世紀後半に香港で誕生した新しい醤。干し貝柱や干しエビなどを原料にし、唐辛子、しょうが、にんにく、油、豆板醤などで味を調えた合わせ調味料です。最高級ブランデーを意味するXOの名前に相応しい濃厚なうま味を持つのが特徴で、さまざまな料理の隠し味として使われています。

生抽（ションチュウ）

　おもに広東料理に使われる中国のしょうゆです。見た目は淡口しょうゆに似ていますが、味は濃く、サラダのドレッシングや、チンゲンサイなどの野菜を炒める際によく使われます。生抽にカラメルを加えた「老抽」（ラオチョウ）は、たまりしょうゆに似たとろみがあり、煮込み料理向きです。

調味料トピックス

◆ しょうゆ編 ◆

魚介類でつくるしょうゆ「魚醤」

　魚介類に塩をまぶして数カ月から1年ほど置いておくと、液体状の調味料になります。これが「魚醤」で、塩漬け発酵調味料として古くから日本各地で広く製造されてきました。大豆と小麦でつくるしょうゆが普及して以降、その多くは姿を消しましたが、現在でもいくつかの地方で、郷土料理に欠かせない調味料として受け継がれています。伊豆諸島のくさやを漬ける際に使われる発酵液「くさや液」も広い意味での魚醤の一種といえます。魚醤の持つ濃厚なうま味と独特の香りは、「ふるさとの味」と強く結びついているのでしょう。

　なお、JAS法の「しょうゆ」の定義では、使える原材料が植物性の原料（大豆、小麦など）に規定されており、動物性原料は含まれていません。そのため魚醤は、しょうゆとは別のカテゴリーに分類されています。

おもな魚醤

●しょっつる

　秋田県の魚醤。ハタハタ、イワシなどを塩漬けにし、発酵・熟成させてつくります。しょっつる鍋、きりたんぽ鍋の味付け、ラーメンのスープなどに。

●いしり（いしる）

　石川県、とくに能登半島北部でつくられている魚醤。原材料はイカの内臓、イワシ、アジなど。刺身の味付け、鍋のほか、野菜や魚介類を煮る際の調味料としても使われています。

●いかなごしょうゆ

　香川県の魚醤。瀬戸内海で採れるいかなご（スズキ目の魚）からつくられています。一時ほとんど生産されなくなっていましたが、近年、復活しました。刺身、豆腐にかけたり、野菜の煮物などに使われます。

●ナムプラー、ニョクマム（ヌクマム）

　魚醤は日本だけでなく、東南アジア各地でもつくられています。日本でも馴染み深いものといえば、タイのナムプラー、ベトナムのニョクマムでしょう。中国にも魚露（ユールウ、ユーロウ）という魚醤があります。

第二章 味噌

味噌の基本

- 年間購入量
  1人あたり 2.098ℓ
- 生産量1位
  長野県（約19万7093t）

（総務省「家計調査」平成22年
「米麦加工食品生産動態等統計調査
年報」平成21年による）

大さじ1（18g）あたりの カロリー、食塩相当量

	カロリー	塩分換算量
●米味噌（赤色辛味噌）	33kcal	2.3g
●米味噌（甘味噌）	39kcal	1.1g
●米味噌（淡色辛味噌）	35kcal	2.2g
●麦味噌	36kcal	1.9g
●豆味噌	39kcal	2.0g

（文部科学省「食品成分データベース」による）

味噌とは

　味噌は、しょうゆと並んで、日本の食卓を代表する調味料といえるでしょう。わたしたちがイメージする伝統的な和食に「ごはんと味噌汁」は欠かせません。2015年現在、業界団体である全国味噌工業協同組合連合会に加盟している企業は900社以上あり、日本で生産されている味噌は千数百種類以上あるといわれています。

❖ 味噌のおいしさ

　味噌の豊かな味わいは、甘味、酸味、塩味、うま味、苦味の5つの基本味、そして渋味、香りなどが複雑に絡み合ってできています。とくに味噌の存在を特徴づけているのは、甘味、塩味、うま味です。

　味噌に含まれる甘味は糖です。原材料に砂糖は含まれていませんが、米などに含まれるでんぷんが、麹のアミラーゼという酵素によって分解されて生じます。そのため、米麹を多く使った味噌は甘味が強くなります。

　うま味の主役はアミノ酸です。大豆のたんぱく質は麹に含まれる酵素によって分解され、アミノ酸に変わります。うま味を感じさせる中心となるのはグルタミン酸ですが、味噌には人間の体に必要な8種類の必須アミノ酸すべてが含まれています。

　塩味は原材料に使われる塩から来るものです。味噌にはたくさんの塩が使われますが、熟成させると舌に感じる塩辛さは徐々に減少していきます。これを「塩なれ」といい、塩味にうま味（アミノ酸）や酸味（乳酸など）が複雑に組み合わさることで起こる現象です。

❖ 味噌の発酵・熟成

　味噌は熟成が進んだものほど、うま味成分（グルタミン酸など）が増すことがわかっています。同時に酸味も増し、塩なれして、香り、粘度も加わっていきます。

　しかし、ただ熟成期間を長くすればよいというわけではありません。味噌のおいしさは複合的なものですから、ただうま味成分が多ければよいというものではないからです。また、甘味のもとである糖は、熟成が長くなると、酵母や乳酸菌によって消費されてしまい、いわゆる「枯れる」という現象が起こります。さらに、発酵とは酵母菌という微生物と酵素が複合的に関わる働きですから、期間が長くなるほど、品質を一定に保つことが難しくなります。こうしたバランスの見極め、最適な状態の味噌をつくるのが、生産者の腕の見せどころです。

　人工的に温度を上げ、酵素と微生物の活動を活発にし、発酵・熟成期間を短くする技術を、「加温醸造」といいます。これは安定した品質の商品を通年でつくるための技術です。これに対して、その土地の気候変化に合わせ、ゆっくり発酵・熟成させる方法を「天然醸造」と呼びます。

❖ 味噌の栄養と効果

　味噌の主原料である大豆は、良質の植物性たんぱく質を豊富に含んでおり、「畑の肉」と呼ばれます。この大豆を麹で発酵させると各種アミノ酸やビタミンが生成され、カリウム、マグネシウム、繊維質も豊富に含んだ味噌になります。栄養学的にみても、味噌は非常に優れた食品だといえます。

　また、大豆に含まれるたんぱく質には消化吸収されにくいという欠点がありますが、味噌になるとその約60％が水に溶け出し、約30％がアミノ酸になります。つまり、栄養素が消化吸収されやすくなるのです。

❖ 味噌の健康効果

　味噌にはさまざまな健康効果があることが知られています。江戸時代の庶民のあいだでも「味噌汁は不老長寿の薬」「味噌汁は朝の毒消し」「医者にお金を払うなら、味噌屋に払え」といわれてきました。彼らも経験則で、その効果を知っていたのでしょう。

　味噌の健康効果、病気のリスク軽減効果については、さまざまな研究がおこなわれています。いくつか代表的なものを紹介しておきます。

◇ 血中コレステロール値を抑える

　大豆に含まれるリノール酸、大豆レシチン、そして味噌として加工されると大きく増加するペプチド＊（たんぱく質がアミノ酸に分解される途中の中間生成物）には、血中コレステロールの上昇を抑える効果があるという研究結果が報告されています。血中コレステロールの濃度が高くなると、動脈硬化が起こりやすくなり、脳梗塞、心筋梗塞といった重篤な病気になるリスクが高まることが知られています。味噌はその予防効果があると考えられるのです。

◇ 生活習慣病を予防する

　味噌に含まれるペプチドのなかには、血圧を下げる効果を持つ高血圧防止ペプチドが発見されています。味噌は、さまざまな生活習慣病にかかるリスクも小さくすると考えられています。

　また、味噌を熟成させたときに生じる褐色色素のメラノイジンには、糖の消化吸収速度を遅くし、食後の血糖値上昇を抑える働きがあるという報告もあります。また、メラノイジンにはすい臓の働きを促進し、血糖値を下げるホルモンであるインスリンの分泌を盛んにする効果もあるのではないかと注目を集めています。

ペプチド
アミノ酸とアミノ酸が2個以上結合した構造で、アミノ酸とたんぱく質の中間の性質を持つ。そのため、たんぱく質よりすばやく体内に吸収され、またアミノ酸よりも血液中をめぐる持続時間が長いため、その作用が持続するといわれている。

第二章　味噌

味噌の種類

　味噌は地域色が非常に濃く、その原料や製法も千差万別です。分類の仕方は、大豆を発酵させるために使う麹（穀物に麹菌を培養し繁殖させたもの）の原料によって「米味噌」「麦味噌」「豆味噌」と分ける方法、味の違いから「辛味噌」「甘味噌」と分類する方法、さらに見た目の色合いで「赤味噌」「淡色味噌」「白味噌」と分類する方法が一般的です。ここでは、麹の違いをベースにして、味噌の種類を解説します。

米味噌

　大豆に、米麹、塩を加えてつくる味噌です。日本で生産される味噌の約80％を占めていますが、その製法によって違いが出ます。

赤色辛味噌……現在、もっとも多くつくられている米味噌は、赤い色をした辛口のもので、「赤味噌」と呼ばれることもあります。北は北海道から、東北、関東甲信越中心に、ほぼ全国各地で親しまれています。ちなみに色が濃くなるのは、発酵熟成中に大豆などのアミノ酸が糖と反応して褐色に変化するメイラード反応によるものです。

淡色辛味噌……赤味噌ほどは濃くありませんが、淡い褐色をした辛口な米味噌です。全国でつくられていますが、関東甲信越、北陸地方でとくに多くみられます。

甘味噌……米味噌をつくるとき、米麹の比率を高くすると甘くなり、「甘味噌」「甘口味噌」と

呼ばれるものになります。地域によって白と淡色、赤がありますが、とくに近畿地方の各府県と中国地方、香川県で親しまれている「白味噌」が有名です。

麦味噌

大豆に、麦麹、塩を加えてつくる味噌です。さらっとした甘味と麦麹が醸し出す心地よい香りが特徴。もともとは農家が各家庭でつくっていた自家用の味噌だったため、「田舎味噌」とも呼ばれています。生産エリアは限られていますが、中国、四国、九州地方に多く、関東北部でも根強い人気があります。味わいの違いによって「甘味噌」「辛味噌」に分けられます。味噌汁として溶かす場合には、繊維が残るので味噌こしを使う必要があります。

豆味噌

おもな原料は大豆と塩。蒸した大豆を直接麹にするのが特徴で、1～3年程度長期熟成させることで、濃厚なうま味が出てきます。おもに東海地方（愛知、岐阜、三重）でつくられており、「八丁味噌」も豆味噌の一種です。

もっと知りたい！ 調味料のこと
「調合味噌」とは？

　味噌は、その原料の麹によって「米味噌」「麦味噌」「豆味噌」と分類することができますが、そのどれにも当てはまらない「調合味噌」と呼ばれる種類があります。

　調合味噌とは、2種類以上の味噌を混ぜ合わせた製品や、複数の麹を組み合わせて醸造された味噌のことです。その組み合わせは自由で、赤色と白色を混ぜても、米味噌と麦味噌を混ぜても、何でもいいのです。

　単体の味噌が持つコクや風味は打ち消されてしまいがちですが、味にまろやかさが出て食べやすくなるというメリットもあります。

　一般的なものでいえば、「赤だし味噌」といわれる商品が、これに当たります。豆味噌をベースに、米味噌や調味料を混ぜてつくられます。ほかにも、米麹と麦麹の合わせ味噌や小麦麹の味噌などがあります。

　市販されているものでなくても、複数の味噌を購入して、自宅でオリジナルの調合味噌をつくることもできます。自分のお気に入りのブレンドを見つければ、料理がさらに楽しくなりますよ。

味噌の原材料

　味噌は、さまざまな材料を混ぜ合わせ、発酵・熟成させてつくります。その割合、気候風土や熟成期間などの条件が複雑にかかわり合って、多種多様な味噌が生まれます。

大豆

　みその主原料は大豆です。米味噌でも麦味噌でも、変わりません。水にひたした大豆を、蒸すか煮たあと、つぶして、冷ましたものを使います。国産大豆は不足気味で、近年では国内で生産されるみその大半（約90％）は輸入大豆になっています。

米

　米味噌は、原料に米を用います。水にひたし、蒸すか煮た米を平らな場所に広げて冷まし、種麹をまぶします。これが米麹です。蒸すか煮るかでも、味わいは変わります。

大麦・裸麦

　麦みそ（田舎みそ）は、原料に大麦か裸麦を用います。裸麦とは、大麦の一種で、皮がはがれやすい性質を持ったもののこと。これらを水にひたしたあと、蒸して、平らな場所に広げて冷まし、種麹をまぶします。これが麦麹となります。

種麹

　麹菌と呼ばれる微生物（コウジカビなど）を培養し、繁殖させたものです。米味噌では米に繁殖させ米麹に、麦味噌では大麦や裸麦に繁殖させて麦麹にします。麹は、通常の加熱調理でもなかなか分解されない大豆のたんぱく質を分解し、発酵させる力を持っています。

香煎

　香煎は、大麦を煎って粉末状にしたもののこと。豆味噌をつくる際に用いられ、種麹と混ぜて、蒸した大豆を丸めた味噌玉を大豆麹にします。

塩

　仕込みの際に、水と一緒に加えます。味噌は塩味を強く感じますが、味噌汁一杯（約150g）に含まれる食塩量は約1g強といわれています。

もっと知りたい！ 調味料のこと
味噌のあの表示の意味は？

　スーパーなどで味噌を選ぶとき、どの商品にも「手造り」「特撰」などと魅力的な特徴が表示されていて、どれを選ぶか迷ったことはありませんか？
　それらの表示は、当然ながら一定の条件をクリアした味噌でないと使用することができません。では、その使用基準を見てみましょう。

生
容器詰めのあと、加熱殺菌処理を施さないものが表示できます。

天然醸造
加温により醸造を促進したものでなく、かつ、食品衛生法施行規則が指定する添加物を使用しないものが表示できます。

手造り
手作業による「麹蓋方式」により製造され、天然醸造のものが表示できます。

特選・特撰
原材料の品質がよいこと、麹は麹蓋方式でつくられること、大豆に対する麹の使用割合が大きいこと、発酵・熟成期間が長いこと、熟成方法に特徴があること（天然醸造など）、の5つの条件のうち1つ以上を満たしたとき、表示できます。

吟醸
使用する大豆または麹原料のいずれかが、農産物規格規定に定められた一定の規格以上のものを使用したとき、表示できます。

長期熟成・長熟
長期熟成した味噌です（醸造期間の記載が必要）。

出汁入り
原材料のうち、かつお節などの粉末または抽出濃縮物、魚醤などの重量の総和が、グルタミン酸ナトリウム、イノシン酸ナトリウムなどの重量の総和を超えるものが表示できます。

地方による味噌の違い

その南北に長い地形から、日本の都道府県の気候や食文化はさまざまです。
各都道府県の代表的な味噌の種類を見てみましょう。

関西白味噌（関西地方）

| 米味噌 | 白色 | 甘口 |

麹歩合が非常に高く、強い甘みが特徴です。着色を避けるため、脱皮した大豆を蒸さずに用いるなどの工夫がされます。

讃岐味噌（香川県）

| 米味噌 | 白色 | 甘口 |

濃厚な甘みとふっくらとした味わいが特徴の、白色甘味噌の代表格です。白身魚の煮つけなど、調理用によく用いられます。

薩摩味噌（鹿児島県）

| 麦味噌 | 白に近い淡色 | 甘口 |

薩摩汁などに用いられます。麦麹の歩合が高く、長期熟成でつくられるため、濃厚な甘みが特徴です。

越後味噌（新潟県）

| 米味噌 | 赤色 | 辛口 |

製造の段階で精白した丸米を使用するため、精製後も米粒が残り、味噌の中に浮いて見えるのが特徴です。

加賀味噌（石川県）

| 米味噌 | 赤色 | 辛口 |

加賀前田藩で軍需品としてつくられた、長期熟成の辛口の赤味噌です。麹歩合が高く、コクのある味わいが特徴です。

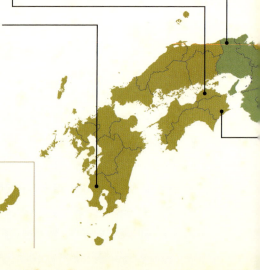

北海道味噌（北海道）

`米味噌` `赤色` `中辛口`

佐渡味噌に近い赤色系の中辛が特徴です。くせが少ない味で、石狩鍋などに用いられます。

津軽味噌（青森県）

`米味噌` `濃い赤褐色` `辛口`

麹歩合が低く、塩分が高め。長期熟成による、濃い赤褐色が特徴です。

仙台味噌（宮城県）

`米味噌` `赤色` `辛口`

伊達正宗が蔵を設けて、味噌をつくらせたことがルーツです。塩分が高く辛口の赤味噌として、全国的にも有名です。

信州味噌（長野県）

`米味噌` `淡色` `辛口`

長野県は味噌生産の全国シェアの4割を占めます。ほのかな酸味が味わい深い、淡色で辛口の味噌です。

江戸甘味噌（東京都）

`米味噌` `濃い赤褐色` `甘口`

甘口ですが白くないのが特徴。深く蒸した大豆の香りと、麹の甘味が独特のとろりとした甘みをつくります。

東海豆味噌（愛知・岐阜・三重県）

八丁味噌、三河味噌、名古屋味噌などの総称で、東海地方では味噌かつや田楽などに用いられるなど、人気の味噌です。

赤だし（愛知・岐阜・三重県）

`調合味噌`

八丁味噌などの麦味噌に、米味噌や調味料を合わせたものです。味噌汁に用いられるのが一般的です。

御膳味噌（徳島）

`米味噌` `赤色` `甘口`

「御膳」の名は、蜂須賀家政の御膳に供されたことから。麹歩合が高く、豊かな味わいが楽しめます。

第二章 味噌

味噌を使ったおもな郷土料理

味噌はその地域の風土や人々と深く結びついて発展してきました。その結びつきの強さは、さまざまな郷土料理からも感じとることができます。これらの郷土料理は、その土地が育てた味噌あってのものだといえるでしょう。

石狩鍋　北海道

　ぶつ切りにした鮭の身、頭や骨などのアラも豪快に使い、味噌仕立てにした北海道を代表する鍋です。具はキャベツやタマネギ、じゃがいも、長ネギ、豆腐など。石狩川を産卵期に遡上する鮭を、地元の漁師がこのように食べていたのがルーツだといわれています。仕上げに山椒をふりかけることが多く、鮭の生臭さを消す効果があります。

味噌かつ　愛知県（東海地方）

「名古屋めし」のひとつとして注目を集めるようになった、東海地方の郷土料理です。この地域特産の豆味噌に砂糖、出汁を加えてペースト状にしたものを、とんかつソースに使います。
　ごはんの上に乗せて食べることが多いですが、かつサンドとしても販売されており、お弁当として持ち歩くのに人気です。

からしれんこん　熊本県

　熊本県の名産品として知られる、からしれんこん。れんこんの穴につめられているのは、地元でつくられる麦味噌と和辛子粉（セイヨウカラシナの種子を粉末にしたもの）を混ぜたものです。
　細川忠利公に献上した健康食が始まりだとされています。れんこんは疲労回復効果があるビタミンCが豊富な食材で、栄養面でも優れたひと品です。

冷や汁　宮崎県

　全国でも珍しい冷たい味噌汁。宮崎県の郷土料理で、冷ましたごはんにかけて食べます。食欲の落ちる夏によく食べられるものです。

　焼いたあじ、イワシなどの近海魚をほぐし、焼き味噌をのばした汁に、豆腐、きゅうり、青じそなどの薬味を入れてつくります。

アンダンスー　沖縄県

　味噌を豚の脂肪（ラード）で炒めたもので、ご飯に乗せて食べたり、おにぎりの具に入れたりします。別名は「油味噌」といいます。

　高温多湿で食物が傷みやすい沖縄において、味噌と豚の脂肪は重要な保存食でした。そのふたつを結びつけた常備食が、アンダンスーです。

ばんけ味噌　山形県

　「ばんけ」とは、庄内弁でふきのとうのこと。刻んだふきのとうを炒めてから、味噌・みりん・砂糖などを混ぜ合わせた料理です。

　ふきのとうが旬を迎える2～3月に、ほかほかのご飯にのせて食べるのが一般的です。

でこまわし　徳島県

　「ごうしいも」と呼ばれる、徳島県の特産の里芋味噌田楽。串にさした里芋に味噌ダレをつけて、いろりで焼いてつくります。

　「でこまわし」という名前は、人形浄瑠璃が盛んだった阿波において、田楽をくるくる回しながら焼くようすが、でこ（人形）に似ていたことから。

味噌の合わせ調味料・タレ

味噌を使った合わせ調味料、合わせダレのうち、おもなものを紹介します。

❖ 味噌の合わせ調味料

ネギ味噌　ほかほかご飯にのせたい

<材料>
長ネギ…中1本（100g程度）
味噌…50g
砂糖…大さじ1
しょうゆ…小さじ1/2
みりん…大さじ2
酒…大さじ2
ごま油…少々

<つくり方>
1. 味噌、砂糖、しょうゆ、みりん、酒を混ぜ合わせる
2. フライパンにごま油を入れ、刻んだねぎを強火で炒める
3. ねぎがしんなりしてきたら1を入れ、水気を飛ばしながら炒める

肉味噌　野菜のディップとしてもおすすめ

<材料>
豚ひき肉…100g
酒…大さじ1
味噌…大さじ3
みりん…大さじ1/2
しょうゆ…大さじ1
砂糖…小さじ1
しょうがのみじん切り…10g

<つくり方>
すべての材料を混ぜ合わせ、電子レンジで4分ほど加熱する

❖ その他の合わせ調味料

名称	材料	つくり方
ごま味噌	味噌…75g みりん…大さじ1/2 砂糖…大さじ1と1/2 すりごま…大さじ1と1/2	1. 鍋に味噌、みりん、砂糖を入れて強火で練る。照りが出て滑らかになったら中火にする 2. すりごまを入れ、よく混ぜ合わせる

❖ 味噌の合わせダレ

❖ サバ味噌ダレ ❖ とろっと味噌がおいしい

<材料>
味噌…大さじ2
砂糖…小さじ1と1/2
みりん…大さじ2
水…大さじ3
しょうがスライス…適量

<つくり方>
すべての材料を混ぜ合わせる

❖ ふろふき大根のタレ ❖ ほくほくの大根にかけて

<材料>
赤味噌…大さじ2
酒…大さじ2
砂糖…大さじ2
みりん…大さじ2

<つくり方>
すべての材料を混ぜ合わせる

その他の合わせダレ

名称	材料	つくり方
回鍋肉のタレ	味噌…大さじ3 酒…大さじ1 みりん…大さじ1 砂糖…大さじ1 豆板醤…大さじ1	すべての材料を混ぜ合わせる
味噌田楽のタレ	味噌…大さじ2 砂糖…大さじ1 みりん…大さじ1 酒…大さじ1 ごま油…小さじ1	1.鍋に酒を入れ煮立てる 2.酒を煮切ったら弱火にし、味噌、砂糖、みりん、ごま油を入れてよく練る 3.最後に砂糖を加えて、さらによく混ぜる
味噌カツソース	赤味噌…大さじ2 ケチャップ…大さじ1 ウスターソース…大さじ2 みりん…大さじ2 酒…大さじ3 砂糖…大さじ1 出汁…小さじ2	すべての材料を混ぜ合わせて、ひと煮立ちさせる

第二章 味噌

調味料トピックス

◆ 味噌編 ◆

味噌ラーメン誕生

　味噌を使ったラーメン「味噌ラーメン」が、北海道・札幌で生まれたということをご存知の方も多いでしょう。現在では日本全国で愛されている定番メニューですが、それでも北にいくほど、味噌ベースのラーメンが多いといわれます。なぜ、味噌の生産量の多い長野や愛知ではないのかご存じですか。

　味噌ラーメンの元祖とされるのは、札幌にある「味の三平」というお店だといわれています。きっかけとなるアイデアを出したのは、意外なことに外国人でした。雑誌『リーダーズ・ダイジェスト』に、ある記事が掲載されます。マギーブイヨンで知られるスイスの大手食品メーカー・マギー社の社長が、日本の誇る発酵調味料である味噌の素晴らしさを大いに評価し、「日本人はもっと味噌を料理に活用するべきだ」と述べるものでした。

　この記事を読んだ「味の三平」初代店主である大宮守人氏は、全国からさまざまな味噌を取り寄せ、数年間の試行錯誤の末、トンコツをベースにした味噌スープのラーメンを開発したのです。これが味噌ラーメンの誕生で、昭和30年代のことだといわれています。

　その後、味噌ラーメンは札幌の各店に広がり、それぞれ出汁や隠し味に工夫をこらしたものが生まれ、「札幌ラーメンといえば、味噌」というイメージが定着し、「ご当地ラーメン」の元祖のような存在になりました。

　札幌ラーメン誕生とほぼ同時期に、山形では「赤湯ラーメン（辛味噌ラーメン）」と呼ばれるものが登場しています。生味噌に赤唐辛子、ニンニク、香辛料などをブレンドしたトッピングが載っており、好みに合わせて溶かしながら食べるというものです。こちらも現在まで続く、ご当地メニューとして愛され続けています。

第三章

酢

酢の基本

● **総出荷量**
40万 9600kℓ
（全国食酢協会中央会、
平成25年推計値による）

大さじ1（15g）あたりの
カロリー、食塩相当量

	カロリー	塩分換算量
● **米酢**	7kcal	0g
● **穀物酢**	4kcal	0g

（文部科学省「食品成分データベース」による）

酢とは

　酢とは、アルコール、つまりお酒を酢酸菌で発酵（酢酸発酵といいます）させたものです。その歴史は非常に古く、世界中に存在する酒とほぼ同時期に誕生したと考えられています。種類も非常に多彩で、原料や製法もさまざまです。日本では、米、小麦、大麦、酒粕からつくる酢が発達してきました。とくに親しまれているのは米からつくったものです。

❖ 酢のおいしさ

　酢のイメージはやはりその主成分である酢酸の酸っぱさ、つまり酸味でしょう。しかし、酢の味わいには酸味以外にも、甘味やうま味、そしてコク、香りといった要素が関わっています。酢に含まれる酢酸などの有機酸の割合を示した指数を「酸度」といいますが、酸度が高いものが必ずしも酸っぱいわけではありません。たとえば一般的な米酢の酸度は4〜5%ですが、甘味を強く感じるリンゴ酢も同程度、バルサミコ酢は6%前後です。酢の味は複合的で、奥の深いものだといえます。

❖ 酢のおもな調理効果

　酢は料理にさわやかな酸味をつける調味料と思われているかもしれません。しかし酢の役割は、それだけではありません。食材の調理における、酢のおもな働きについて解説します。

◆ 抗菌（殺菌）、防腐効果

　酢に含まれる酢酸には強い殺菌力があり、食材が腐るのを防ぎます。この効果が科学的に証明される以前から人類はその働きに気づき、酢を食材保存に利用してきました。

　たとえば、紀元前約2000年には、野菜を酢漬けにして長期保存する「ピクルス」という調理法が存在していたことがわかっています。日本でも、しめサバのように「魚を酢でしめる」という方法が生まれ、今に受け継がれています。これは、酢の殺菌効果と、食材への浸透力の高さを生かした調理法だと呼べるでしょう。「酢締め」にはうま味を食材のなかに閉じ込めるという効果もあります。

◆ 減塩効果

　酢には、塩の味を引き立たせる効果があります。健康のために塩分を控えようとすると、味がぼやけておいしさがわかりにくくなってしまうことが多いのではないでしょうか。そういうときに少量の酢を加えると、十分な塩味を感じることができるので、結果的に減塩効果が得られます。

◆ 臭み消し効果

　酢の香りを強く感じるのは、揮発性が高い（気体になりやすい）からです。クセの強い香りを持つ食材と上手に組み合わせると、そのにおいを抑えることができます。とくに、魚の臭みを消す効果はよく知られています。

◆ 煮くずれ防止効果

　酢を短時間加熱すると、食材に含まれるたんぱく質を固めます。これを応用したのが、煮魚に酢を使う調理法です。仕上げに少量の酢を使うことで、魚の表面のたんぱく質を固めて、煮くずれを防ぎ、きれいに仕上げることができます。もちろん臭み消しにもなります。

◆ 肉や魚、骨を柔らかくする効果

　酢は長時間加熱すると、短時間のときとは逆にたんぱく質を分解し、柔らかくする効果を発揮します。肉や魚をじっくり煮込む料理に酢を使うと、食材が柔らかくなり、味が浸透しやすくなるのはこのためです。

　また、カルシウムを溶かす性質もあるので、小魚を骨ごと煮込む際には、欠かせない調味料として使われます。酢を使うことで、小魚の身も骨もおいしく食べられるようになるのです。また、しっかり煮込むと酢の酸味は消えるので、素材の味を生かすこともできます。

◆ アク抜き、変色止め、色付け効果

　酢は食材のアク抜き、色付けといった下ごしらえにも活用されます。これは酢の主成分である酢酸が、食材の色素や成分と化学反応する効果を利用しているのです。

　ごぼうやれんこんは切ったあと、どんどん褐色に変色していきます。これは食材に含まれるポリフェノールの一種が空気に触れて、酸化してしまうからです。すぐ酢水に漬ければ、アクが抜け、きれいな白い色を保てます。

　生姜やミョウガに含まれるアントシアニンという色素は、酢酸と反応すると、鮮やかな紅色に変わります。食欲をそそる生姜やミョウガの酢漬けは、この効果を活用したものです。ラディッシュなどにも応用できます。

❖ 酢の健康効果

　「西洋医学の父」といわれる紀元前の科学者ヒポクラテスは、ビネガー（ぶどうなどでつくられる酢）の抗菌作用に注目し、病気の治療や患者の健康回復に用いたといわれます。

　酢の健康効果はさまざまに研究されており、実証されたものも少なくありません。近年では、調味料としてだけでなく、酢を「飲む」という習慣も一般的になり、飲料用の酢もつくられるようになっています。

◆ カルシウムの吸収を助ける効果

　カルシウムは体内で吸収されにくい性質を持っていますが、酢と一緒に摂ると、酢酸カルシウムという物質に変化し、吸収率が大幅に高まります。小魚の煮込み料理に酢を使ったり、南蛮漬けにしたり、酢の物にしたりするのは、理にかなっているといえます。よく「酢を飲むと体が柔らかくなる」といいますが、むしろカルシウム吸収が促進され、骨が丈夫になるのです。

◆ 疲労回復効果

　人間が活動すると筋肉などの組織に乳酸やピルビン酸などの疲労物質が残ります。酢の主成分である酢酸は体内でクエン酸に変化し、これらの疲労を分解する性質を持っています。酢に疲労回復効果があると考えられているのは、この働きがあるからです。

◆ 生活習慣病予防効果

　酢を毎日一定量摂り続けると、血圧を正常値に近づける効果があるという報告があります。また内臓脂肪を減らす、血糖値の上昇も抑えるという研究結果も出ています。こうした生活習慣病予防で、とくに注目を集めているのが黒酢です。黒酢は原料に玄米を多く使い、長期間発酵・熟成させるため、アミノ酸や各種有機酸、ミネラル類の含有量が多くなるためです。

もっと知りたい！ 調味料のこと

酢の実用性

　酢には調味料以外にも、生活のさまざまなシーンで実用的に役立ちます。

　ごはんを炊くときに、ほんの少量の酢を入れておくと、炊き上がったごはんが腐りにくくなります。酢は蒸発してしまうので、ご飯ににおいは移りません。

　里芋や山芋の皮むきをする前に、手に少し酢をつけておくとかゆみを防ぐことができます。芋を酢水で洗ってもOKです。

　石けんや洗顔フォームを洗い流してから、洗面器に水かぬるま湯を張り、小さじ1杯程度の酢を入れて、顔を数回すすぎます。最後にもう一度真水で洗い流せば、肌がスベスベになります。

　ステンレスのシンクがくもってきたら、少量の塩をふりかけ、酢を含ませたスポンジでこすると、きれいになります。

　鍋の内側にコゲがついたら、その部分がつかる程度に水と酢を入れ、火にかけて沸騰させます。しばらくしたら鍋を下ろし、冷ましてから洗うと落ちやすくなります。

酢の種類

世界中にはさまざまな種類の酢がありますが、農林水産省の「食酢品質表示基準」(p.46参照)では、大きく「醸造酢」と「合成酢」に分類しています。

米酢／穀物酢／米黒酢／りんご酢／白ワインビネガー／バルサミコ酢

第三章　酢

　醸造酢は穀類、果実、野菜、その他の農産物、はちみつ、アルコール、砂糖類を原料にして、酢酸菌で発酵させたもののこと。JAS規格では醸造酢は酸度が4.0％以上、無塩可溶性固形分（糖分、酸分、アミノ酸などの成分が溶け込んでいる固形分から塩分を除いたもの）が1.3～8.0％と規定されています。わたしたちが「酢」「食酢」と呼び、一般に市販されているのはこの醸造酢のことです。非常に多くの種類がありますが、原材料によって「穀物酢」「果実酢」に分けるのが一般的です。これに対して合成酢は、氷酢酸や酢酸を水で薄め、砂糖や調味料を加えて製造したもので、家庭用として使われることはほとんどありません。

　なおこの分類には含まれないものとして、「諸味酢」「梅酢」があります。

　諸味酢は、泡盛を製造するときにできる「諸味粕」を原料としており、その主成分はクエン酸です。天然のアミノ酸を多く含む魅力的な調味料ですが、酢酸発酵によるものではないので、醸造酢とは区別されています。梅酢は、梅干しを漬けるときにできる液体です。クエン酸やリンゴ酸、ポリフェノールなどを豊富に含み、非常に馴染み深い調味料です。しかし、酢酸発酵していないので、醸造酢としては扱いません。

❖ 醸造酢の種類

　一般の家庭で使用されている醸造酢の種類を紹介します。大きく分けて「穀物酢」と「果実酢」の2種類があります。

穀物酢　　穀物（米、小麦、大麦、酒粕、コーンなど）を主原料にした醸造酢。おもなものを紹介します。

　JAS規格では、醸造酢のうち、酸度4.2％以上、無塩可溶性固形分1.3～8.0％のもの。食酢品質表示基準では、穀類を40g/ℓ以上（米酢：米40g以上、米黒酢：米180g以上、大麦黒酢：大麦180g以上）含むものをいいます。

米を原料とするおもな穀物酢

米酢……日本で古くから親しまれてきた、米を原料とする醸造酢です。米をアルコール発酵させてから酢酸発酵させますが、日本酒とはまったく違う香り、味わいを持ちます。米以外の穀物を使っていないものを「純米酢」と呼ぶこともあります。酢の物、酢飯、煮物の隠し味など、和食には欠かせない調味料です。

玄米酢……玄米（精白していない米）を主原料とする醸造酢です。米黒酢に似た、独特の深みのある味わいがあります。小麦や大麦を副原料として加えることもあり、玄米のみを主原料としたものは「純玄米酢」と呼ばれます。

米黒酢……玄米酢と同じく、玄米（精白していない米）を主原料した醸造酢ですが、長期間発酵、熟成させることで、濃い褐色になったものです。副原料に小麦や大麦を加えることもあり、複雑な風味が出ます。アミノ酸が豊富で、近年その健康効果に注目が集まっています。

粕酢（赤酢）……熟成させた酒粕（日本酒の諸味を搾ったあとに残る白い固形物）を主原料にした醸造酢です。「赤酢」とも呼ばれ、酢飯によく使われます。江戸時代には米酢よりも安価だったため、江戸前寿司ブームのきっかけになったといわれています。

サトウキビを原料とする穀物酢

きび酢……奄美大島加計呂麻島で伝統的につくられている、サトウキビの搾り汁を原料とした長期熟成の醸造酢です。

大麦を原料とする穀物酢

大麦黒酢……大麦のみを原料として使った醸造酢です。発酵、熟成によって濃い褐色になるのが特徴。イギリスのモルトビネガーに近いものです。生活習慣病予防効果などに注目が集まっています。

その他の穀物を原料とする穀物酢

　小麦などを主原料にしたものは「穀物酢」という名前で販売されています。ほかにも、コーンを使った醸造酢も。ちなみにアメリカのホワイトビネガーは、コーンやサトウキビからつくられています。

果実酢

　果物（りんご、ぶどうなど）を主原料にした醸造酢です。
　JAS規格では、醸造酢のうち、酸度4.5%以上、無塩可溶性固形分1.2～5.0%（りんご酢は1.5～5.0%）のもの。食酢品質表示基準では、醸造酢のうち、果実を300g以上（りんご酢：りんご300g以上、ぶどう酢：ぶどう300g以上）含むものをいいます。

ぶどうを原料とする果実酢

ワインビネガー（ぶどう酢）……フランスで「酢」といえば、ワインビネガーです。主原料はぶどう果汁。ワインと同じく、白と赤があります。

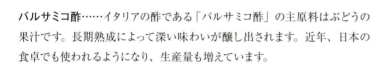

バルサミコ酢……イタリアの酢である「バルサミコ酢」の主原料はぶどうの果汁です。長期熟成によって深い味わいが醸し出されます。近年、日本の食卓でも使われるようになり、生産量も増えています。

りんごを原料とする果実酢

りんご酢……りんごの果汁をアルコール発酵させたものを酢酸発酵させ、熟成した醸造酢。アメリカではこれがもっとも一般的な酢です。甘い香りと風味が特徴のフルーティーな味わいです。塩との相性が非常によく、ドレッシングなどによく使われます。

その他の果実を原料とする果実酢

　その他にも柿酢、いちじく酢といったものがあります。
　あまり多くはありませんが、その他、芋や野菜を発酵させた醸造酢もあります。

❖ 食酢品質表示基準による食酢の分類

食酢は、農林水産省が定めた「食酢品質表示基準」では、次のように分類されています。

- **食酢**
  - **醸造酢**：穀類、果実、野菜、その他農産物、はちみつ、アルコール、砂糖類を原料に酢酸発酵させた液体調味料であって、かつ、氷酢酸または酢酸を使用していないもの
    - **穀物酢**：醸造酢のうち、原材料として1種または2種以上の穀類を使用したもので、その使用総量が醸造酢1ℓにつき40g以上のもの
      - **米酢**：穀物酢のうち、原材料として米の使用量が穀物酢1ℓにつき40g以上のもの（ただし、米黒酢を除く）
      - **米黒酢**：穀物酢のうち、原材料として米（玄米のぬか層の全部を取り除いて精米したものを除く）またはこれに小麦もしくは大麦を加えたもののみを使用したもので、米の使用量が穀物酢1ℓにつき180g以上であって、かつ、発酵および熟成によって褐色または黒褐色に着色したもの
      - **大麦黒酢**：穀物酢のうち、原材料として大麦のみを使用したもので、大麦の使用量が穀物酢1ℓにつき180g以上であって、かつ、発酵および熟成によって褐色または黒褐色に着色したもの
    - **果実酢**：醸造酢のうち、原材料として1種または2種以上の果実を使用したもので、その使用総量が醸造酢1ℓにつき果実の搾り汁として300g以上のもの
      - **りんご酢**：果実酢のうち、りんごの搾り汁が果実酢1ℓにつき300g以上のもの
      - **ぶどう酢**：果実酢のうち、ぶどうの搾り汁が果実酢1ℓにつき300g以上のもの
  - **合成酢**：氷酢酸または酢酸の希釈液に砂糖類などを加えた液体調味料、もしくはそれに醸造酢を加えたもの

世界のおもな酢

世界各国で親しまれている酢の、おもなものを紹介します。

フランボワーズビネガー（フランス）
モルトビネガー（イギリス）
バルサミコ酢（イタリア）
シェリービネガー（スペイン）
香醋（中国）
米酢など（日本）
アップルビネガー（アメリカ）
デーツビネガー（北アフリカ、中近東）
ココナッツビネガー（フィリピン）
アップルビネガー、ワインビネガー（ヨーロッパ）

香醋　中国

中国の醸造酢。「醋」は「酢」の異体字なので、香酢と書くこともあります。もち米を主原料としており、長期発酵熟成により、濃い褐色をしています。日本の黒酢よりも酸度が高く、アミノ酸類も豊富です。中国では、香醋のうま味を生かすため、酢豚などの味を調える（ととの）ために用いていますが、日本ではその健康効果に注目が集まっています。

モルトビネガー　イギリス

おもに大麦の麦芽（種子を発芽させたもの）を主原料とする醸造酢です。ちなみに大麦の麦芽からはビール、モルトウイスキーもつくられます。イギリスではもっとも一般的な酢であり、フィッシュ＆チップスには欠かせない調味料になっています。フライや炒め物など、脂っこい料理の味を引き立てる効果があります。

ちなみにビネガー（Vinegar）の語源は、フランス語のvinaigre（ビネーグル）で、vin（ぶどう酒）とaigre（すっぱい）が合わさったものです。

アップルビネガー　アメリカ、ヨーロッパ

アップルワインをルーツに持つ、りんご果汁からつくられる果実酢。日本でいうりんご酢と製法はほぼ同じ。塩味を柔らかくしてくれるので、アメリカではさまざまな料理に用いられます。

ココナッツビネガー　フィリピン

フィリピンでポピュラーな酢です。豊富なミネラルを含むココナッツミルクに砂糖を加えて、アルコール発酵させたワインに、さらに乳酸菌を加えて約1カ月ほど発酵させてつくります。

さわやかな柑橘系の香りと、米酢などと比べるとマイルドな酸味が特徴。フィリピンの定番料理であるアドボ（酢に漬けた肉や野菜を煮込んだもの）や、ドレッシングの材料によく使われます。

酢の合わせ調味料

酢を使ってくる合わせ調味料のうち、おもなものを紹介します。

三杯酢　野菜や魚介類の酢の物・和え物に

「杯」とは、その昔にさかずきでそれぞれの材料を計ったことから。とくに野菜や魚介類の和え物に使われる、もっとも基本的で、便利な合わせ調味料。

＜材料＞
しょうゆ…大さじ1
酢…大さじ1
みりん…大さじ1

＜つくり方＞
すべての材料を混ぜ合わせる

二杯酢　魚介類の酢の物に

三杯酢と違ってみりんが入っていないため、甘味がないのが特徴。わかめや貝、たこやイカなどの酢の物に使われる。

＜材料＞
しょうゆ…大さじ1
酢…大さじ1

＜つくり方＞
すべての材料を混ぜ合わせる

マリネ液　食卓を彩る定番レシピ

＜材料＞
白ワインビネガー…大さじ2　　こしょう…少々
塩…小さじ1/2　　　　　　　オリーブオイル…大さじ4

＜つくり方＞
1．オリーブオイル以外を混ぜ合わせる
2．オリーブオイルを加えて混ぜ合わせる

その他の酢の合わせ調味料

名称	材料	つくり方
南蛮酢	酢…大さじ2 しょうゆ…大さじ2 砂糖…小さじ2 ごま油…大さじ1 唐辛子…1/2本	1. 唐辛子の種をとり、細かな輪切りにする 2. 酢、しょうゆ、砂糖、ごま油と混ぜ合わせる
寿司酢（3合分）	酢…大さじ4 砂糖…大さじ3 塩…大さじ1	すべての材料を混ぜ合わせる
土佐酢	酢…大さじ6 しょうゆ…大さじ3 だし…大さじ6 砂糖…大さじ1 削りぶし…10g	1. 鍋でひと煮立ちさせる 2. ふきんでこしてから冷ます
甘酢	酢…大さじ3 砂糖…大さじ1 塩…小さじ1/2	すべての材料を混ぜ合わせる
ごま酢	酢…大さじ2 しょうゆ…大さじ3 砂糖…大さじ2 すりごま…大さじ4	すべての材料を混ぜ合わせる
あちゃら酢	酢…大さじ3 だし…1と1/2カップ 砂糖…大さじ4 塩…小さじ1/3	すべての材料を混ぜ合わせる

第三章　酢

酢でつくるドレッシング

酢を使ってつくるドレッシングのうち、おもなものを紹介します。

フレンチドレッシング : 野菜をシンプルに味わいたいときに

<材料>
サラダ油…1カップ
白ワインビネガー…1/2カップ
塩…小さじ1
こしょう…小さじ1/4

<つくり方>
1. すべての材料をボウルで混ぜ合わせる
2. 泡だて器で塩を溶かしながら混ぜる

中華ドレッシング : 春雨にたっぷり白ごまをからませて

<材料>
酢…大さじ2
しょうゆ…大さじ2
白炒りごま…大さじ1/2
ごま油…1/4カップ
サラダ油…1/4カップ

<つくり方>
1. 酢、しょうゆ、ごまを混ぜ合わせる
2. ごま油とサラダ油を、糸をたらすように加えて混ぜ合わせる

シーザードレッシング : 香ばしいクルトンとの相性は◎

<材料>
マヨネーズ…大さじ3
白ワインビネガー…大さじ1
オリーブオイル…小さじ1
黒こしょう…少々
牛乳…大さじ1/2
パルメザンチーズ…大さじ1と1/2

<つくり方>
すべての材料を混ぜ合わせる

イタリアンドレッシング : パスタの付け合わせのサラダに

<材料>
オリーブオイル…大さじ2
白ワインビネガー…大さじ2
砂糖…小さじ1/2
塩…少々
こしょう…少々
乾燥バジル(パセリ)…少々

<つくり方>
1. オリーブオイル以外の材料を混ぜ合わせる
2. 最後にオリーブオイルを入れ、白っぽくなるまでよく混ぜる

その他のドレッシング

名称	材料	つくり方
和風ドレッシング	酢…大さじ2 しょうゆ…大さじ1 塩…少々 こしょう…少々 砂糖…小さじ1/3 サラダ油…大さじ4	すべての材料を混ぜ合わせる
ごまドレッシング	酢…小さじ1 砂糖…小さじ2 しょうゆ…小さじ1 すりごま…大さじ1 マヨネーズ…大さじ1	すべての材料を混ぜ合わせる
味噌ドレッシング	酢…大さじ1 味噌…大さじ1 砂糖…小さじ1/2 サラダ油…大さじ1 ごま油…小さじ1	すべての材料を混ぜ合わせる
ポン酢	酢…大さじ3 しょうゆ…大さじ3 出汁…小さじ2 レモン汁…小さじ1	すべての材料を混ぜ合わせる
しょうゆドレッシング	酢…大さじ2 しょうゆ…大さじ2 サラダ油…大さじ4 ごま油…小さじ1	すべての材料を混ぜ合わせる
わさびドレッシング	酢…大さじ4 練りわさび…小さじ1 しょうゆ…大さじ2 砂糖…大さじ1 塩…少々 オリーブオイル…大さじ1	すべての材料を混ぜ合わせる

第三章 酢

調味料トピックス

◆ 酢編 ◆

酢のふしぎ

　酢は、強い酸性の性質を持つ酢酸が主成分です。その特性を実感できる実験をいくつかご紹介します。キッチンにある酢でもちろん大丈夫なので、挑戦してみてください。

実験1　酢と重曹で風船がふくらむ（酸性とアルカリ性の中和の実験）

1. 500mlのペットボトルに酢を3分の1ほど注ぎます。
2. 風船の中に重曹を半分くらい入れます（ろうとを使うと入れやすいです）。
3. 重曹がこぼれないようにしながら、風船をペットボトルの口に取り付けます。
4. 風船を持ち上げ、酢に重曹を落下させます。軽くペットボトルを振ると、二酸化炭素が発生し、風船が一気に膨らみます。

実験2　スケルトンの卵をつくる（炭酸カルシウムを溶かす実験）

1. 口の広いガラス瓶をきれいに洗って、同じく水で洗った卵を入れます。
2. 卵全体がひたるまで、酢を注ぎます。
3. 卵の表面から泡（二酸化炭素）が出ているのが確認できたら、キッチンペーパーやふきんでフタをして、冷蔵庫にいれます（フタは閉めないこと）。
4. 2日ほど置いておくと、殻が溶け、薄い皮だけになったスケルトン卵ができあがります（まだできていないときは、中を少し混ぜます。それでも泡が出ないときは酢を追加してもうしばらく待ちましょう）。

実験3　10円玉をきれいにする（酸化銅を還元する実験）

1. 黒く汚れた10円玉を酢をつけた筆で何度もなでると、ピカピカになります。これは10円玉（銅）の汚れが、銅の酸化によるものだからです。

※最初に洗剤では落ちないことを確かめてみるとよいでしょう。
※また酢以外のケチャップやソースを使っても、10円玉はきれいになります。これはどちらも原材料に酢が含まれているからです。

第四章

塩

塩の基本

**小さじ1（6g）あたりの
カロリー、食塩相当量**

	カロリー	塩分換算量
●食塩	0kcal	5.9g
●並塩	0kcal	5.8g

（文部科学省「食品成分データベース」による）

参考統計　20歳以上の1日当たりの食塩摂取量の平均値は10.4g（男性11.3g、9.6g）
（平成24年。「国民健康・栄養調査報告」
「日本人の食事摂取基準」厚生労働省より）

塩とは

人間のからだにとって、塩は欠かせないものです。成人の体内には体重の0.3～0.4%の塩分が存在し、細胞を維持し、神経を働かせるなど、大切な役割を担（にな）っています。人体が塩を必要としていることは、医療の現場で生理食塩水がさまざまな場面で使われていることからも明らかです。

この大切な塩を、わたしたちは毎日の食事から摂っています。塩味は5つの基本味の1つに数えられるほど重要なものですが、人間の味覚が純粋な「塩辛さ」「しょっぱさ」を感じられるのは、塩（塩化ナトリウム※）だけだといわれています。

❖ 塩のおいしさ

味付け調味料としての塩は、おいしさの決め手です。うま味がもっとも重要だと思われるかもしれませんが、いくらうま味成分が多くても、塩味がなければ、物足りないでしょう。出汁を取る際も、最後のほんの少しの塩加減がポイントになるのは、このためです。

しかし、おいしい塩加減の範囲は、非常に狭いといわれています。もちろん個人の好みの違いはありますが、鍋に入れる塩がほんの1g違うだけでも人間の味覚は「しょっぱすぎる」と感じたり、「物足りない」と感じたりするのです。これは塩という調味料の大きな特徴で、非常に繊細で難しい半面、塩を上手に使えるかどうかが料理の腕の見せどころになります。

❖ 塩の調理効果

塩には、味つけ以外にも、さまざまな調理効果があります。

◇ 防腐効果

食材を塩漬けにしたり、10%以上の塩水に浸すと、食材内の水分が追い出され、腐敗の原因となる雑菌類の活動を抑えることができます。塩を使った漬物類は、この効果を利用しています。

◇ 酸化防止・変色防止効果

低濃度（0.5～1％程度）の塩水には、りんごやじゃがいもなどの食材の酸化や変色を防ぐ効果があります。これは、それらの食材に含まれるポリフェノール系の酵素が酸化する働きを塩が防止するため。青菜を茹（ゆ）でるときにも塩を入れると、葉緑素（クロロフィル）を褐色化させる酵素の働きを止めるので、きれいな色に仕上がります。

塩化ナトリウム

化学式 NaCl で表されるナトリウムの塩化物。人（生体）を含めた哺乳類をはじめとする地球上の大半の生物にとっての必須ミネラルであるナトリウム源として、生命維持になくてはならない重要な物質である。

◆ 脱水効果

食材に塩をふると、その内部の水分を外に出し、代わりに塩分をしみ込ませる効果があります。これは浸透圧という圧力が引き起こす現象で、漬物はもちろん、魚に塩を振る下ごしらえもこの効果を利用したものです。塩を振ることで、水分と一緒に魚の内側にある臭み成分も外に出ていきます。塩を振った魚は、しばらく置いて、表面の塩を洗い流して料理に用います。

◆ たんぱく質を溶かす効果

塩には、ある種のたんぱく質を溶かす作用があります。小麦粉をこねるときに塩水を加えると粘りが増し、グルテンという物質が生じるのはこのためです。パンが大きくのびて膨らんだり、うどんにコシが出るのは、この働きを利用しています。

また、かまぼこなどの練り製品、ハムやウインナーに弾力を出すのも塩の効果なのです。

◆ たんぱく質を固める効果

たんぱく質は加熱されると固まる性質（熱変性）を持っていますが、塩には、この作用を促進する働きがあります。卵を茹でるときに少し塩を入れておくと、殻から自身がはみ出しにくくなるのはこの効果があるから。肉や魚の表面に塩をふってから焼くと、その部分のたんぱく質が早く固まるので、内部のうま味成分を閉じ込めることができるのです。

◆ 高温で茹でる効果

塩水は、真水よりも沸点（沸騰する温度）が高いので、100℃のお湯よりも、野菜などを効率よく茹で上げることができます。

CODEX食用塩品質規格（案）

	項目	基準
成分	塩化ナトリウム純度（乾物基準、添加物除く）	97% 以上
副成分	カルシウム、カリウム、マグネシウム、ナトリウムの硫酸塩、炭酸塩、臭化物塩カルシウム、カリウム、マグネシウムの塩化物	3% 未満
混入元素	ヒ素（As）	0.5mg/kg 以下
	銅（Cu）	2mg/kg 以下
	鉛（Pb）	2mg/kg 以下
	カドミウム（Cd）	0.5mg/kg 以下
	水銀（Hg）	0.1mg/kg 以下
ヨウ素添加	ナトリウム又はカリウムのヨウ化物塩又はヨウ素酸塩	全国の状況を勘案して決定
固結防止剤	・カルシウム又はマグネシウムの炭酸塩　・二酸化ケイ素　・リン酸三カルシウム　・酸化マグネシウム　・カルシウムまたはマグネシウムのケイ酸塩　・ナトリウムまたはカルシウムのアルミノケイ酸塩　・ミリスチン酸、パルミチン酸、ステアリン酸のカルシウム、塩、カリウム塩またはナトリウム塩	2%
	・カルシウム、カリウムまたはナトリウムのフェロシアン化物塩	10mg/kg（フェロシアン化物イオンとして）
乳化剤	ポリキシエチレンソルビタンモノオレイン酸	10mg/kg
加工助剤	ポリジメチルシロキサン	10mg-residue/kg

CODEXとは、FAO（国連食糧農業機構）とWHO（世界保健機構）によって設置された機関です。食塩の品質規格が存在しない日本にとって、参考になる規格といえます。

第四章　塩

塩の種類

　日本では年間約900万トンの塩が消費されていますが、その大半は工業用で、食用は約15%ほどにすぎません。工業用の塩は輸入が多く、国内の製塩工場でつくられる塩は食用のものが大半です。ここでは食用の塩について解説しましょう。
　スーパーやデパートには、世界中のさまざまな塩が並んでいます。その種類は1000以上あるともいわれますが、その違いをご存じでしょうか。塩の種類は、原料ごとに海塩、岩塩、湖塩の3つに分けられます。すべての塩のルーツは海水ですが、採取した場所ごとに個性が出るのです。そして、それぞれについて製法や添加物による違いがあり、区別されています。おもなものを紹介します。

精製塩　海水を原料とするものの、「イオン交換膜法※」によって化学的に作られた塩のことです。ミネラル分やニガリがほとんど取り除かれた、塩化ナトリウムが99.5%以上の塩のことを指します。安価な値段で販売をされているため、多くの一般家庭で食卓塩として使われています。べたつきを防ぐために、炭酸マグネシウムを添加されます。

> **イオン交換膜法**
> 海水から水分を蒸発させるのではなく、イオン交換膜を用いて、海水中の塩分を電気エネルギーによって濃縮する製塩法。

海塩　海水から採られる塩です。日本で製造されている塩の大半はこの海塩に含まれます。濃縮、結晶、加工という工程を経てつくられますが、とくに濃縮の方法、結晶のさせ方によって、大きな違いが出ます。

雪塩……宮古島の地下海水をくみ上げてつくられた、パウダー状の塩です。クセがないさっぱりとした味わいで、料理の下ごしらえなどに最適です。その使い勝手のよさから、多くの日本人から好まれています。

沖縄の塩……沖縄には約30カ所もの製塩所があり、日本で塩づくりが盛んな地域のひとつです。
　豊かなサンゴ礁に囲まれた沖縄の海では、海水に溶けだしたマグネシウムやカルシウムの影響で、まろやかでうま味の強い塩が採れます。

藻塩……ホンダワラなどの海藻を使用してつくった塩です。非常にまろやかな口あたりが特徴で、海藻が含む豊富なミネラルによってベージュ色に色づいています。海藻を簀の上に積み、何度も潮水を注ぎかけて塩分を多く含ませ、これを焼いて水に溶かしたものの上澄みを煮つめることで塩をとる「藻塩焼き」という製塩法からつくられます。温暖な気候で知られる瀬戸内では、古墳時代からおこなわれてきたといわれています。

岩塩

塩が岩のように固まったものを岩塩といいます。岩塩の採れない日本ではまだ珍しい存在ですが、地球上には非常に多くの岩塩層があり、世界で生産されている塩の大半は岩塩からつくられたものなのです。もともと海だった場所が、地殻変動によって海と切り離された陸の塩湖となり、さらに長い年月をかけて水分が蒸発し、塩が結晶化したものです。土砂が堆積した塩の層から採取されますが、その土地、方法によってさまざまな個性があります。

第四章 塩

紅塩（ローズソルト）……ボリビア共和国のアンデス山脈から採取できる、天然の岩塩です。地殻変動で押し上げられた海水が天日で自然燥され、堆積したもの。肉や魚、野菜に合うまろやかな塩味を持ちます。一般的な食卓塩の20倍ほどの鉄分を含み、貧血症の対策としても有効。特徴的なピンク色は、おもに鉄分によるものです。

インカの天日塩……アンデス塩田のなかでも、インカ時代の前から成立する「マラス塩田」で、天日干しでつくられた塩です。インカ帝国の首都であったクスコ近くの渓谷から湧きだす源泉が高濃度の塩水であったことから、製塩がはじまったのが起源といわれています。ペルー南部を中心に流通しており、現地の人々の食生活には欠かせない塩です。

シベリアの岩塩……およそ2億5000万年もの年月をかけて結晶化した岩塩。およそ地下680メートルの地点で採掘されることから、外部にふれて酸性雨などの異物が混入するおそれがありません。味はまろやかで味わい深いだけでなく、クセがないため、どんな料理にでも使うことができる万能の塩と言われています。

モンゴル岩塩……モンゴル岩塩とは、主に北西部のウヴス県のウヴス・ヌール盆地にある岩塩鉱床で採掘された自然塩です。岩塩の塊は「ジャムツダウス（神聖な塩）」と呼ばれ、パワーグッズとしても大切にされています。桃白色、白色、灰白色系などがあります。モンゴルでは、ラム

057

チョップにかけるなど食用として使われるほか、胃腸の調子を整えるなどの健康効果も信じられています。また日本では近年、バスソルトとして注目が集まっています。

ヒマラヤの岩塩……ヒマラヤ山脈から採取した天然岩塩です。抗酸化力が高く、チベット自治区などでは古くから医薬品として使われてきました。鮮やかなピンク色の見た目だけでなく、硫黄が多く含まれていることによる独特の香りも楽しむことができます。焼き肉、焼き魚、煮物、炒め物などに使えば、いつもと違った食事を楽しむことができるでしょう。

湖塩

太古の昔に海だった場所が、地殻変動によって陸に閉じこめられ、さらに水分が蒸発し、塩分濃度が非常に高くなった湖を「塩湖」と呼びます。死海、カスピ海、ウユニ塩湖などが有名です。その濃い塩水を蒸発させ、結晶させたものが「湖塩」。結晶化には、立釜、平釜、天日などさまざまな方法が用いられます。

塩湖は、自然がつくった塩田のようなものだといえるでしょう。

死海の塩……イスラエルとヨルダンに接した、アラビア半島北西部に位置する塩湖である「死海」から採れる塩です。ふつうの海水の塩分濃度は3％程度ですが、死海では30％と言われます。天然ミネラル成分が高く、化学物質を含まないことが特徴です。これは高い保湿力を生むことから、「肌にやさしい塩」として化粧品やバスソルトがつくられるなど、その美容効果にも注目が集まっています。

パタゴニア湖塩……アンデス山脈の雪解け水などによって形成された、純度99％といわれる塩化ナトリウムを熟成させて、天日干しでつくられます。クロムやカドミニウムなどの環境汚染物質がまったく検出されないことに加え、塩味のキレがよく、素材のうま味を引き出すことから、おもにアルゼンチンで圧倒的な人気を誇っています。

世界の塩の分布

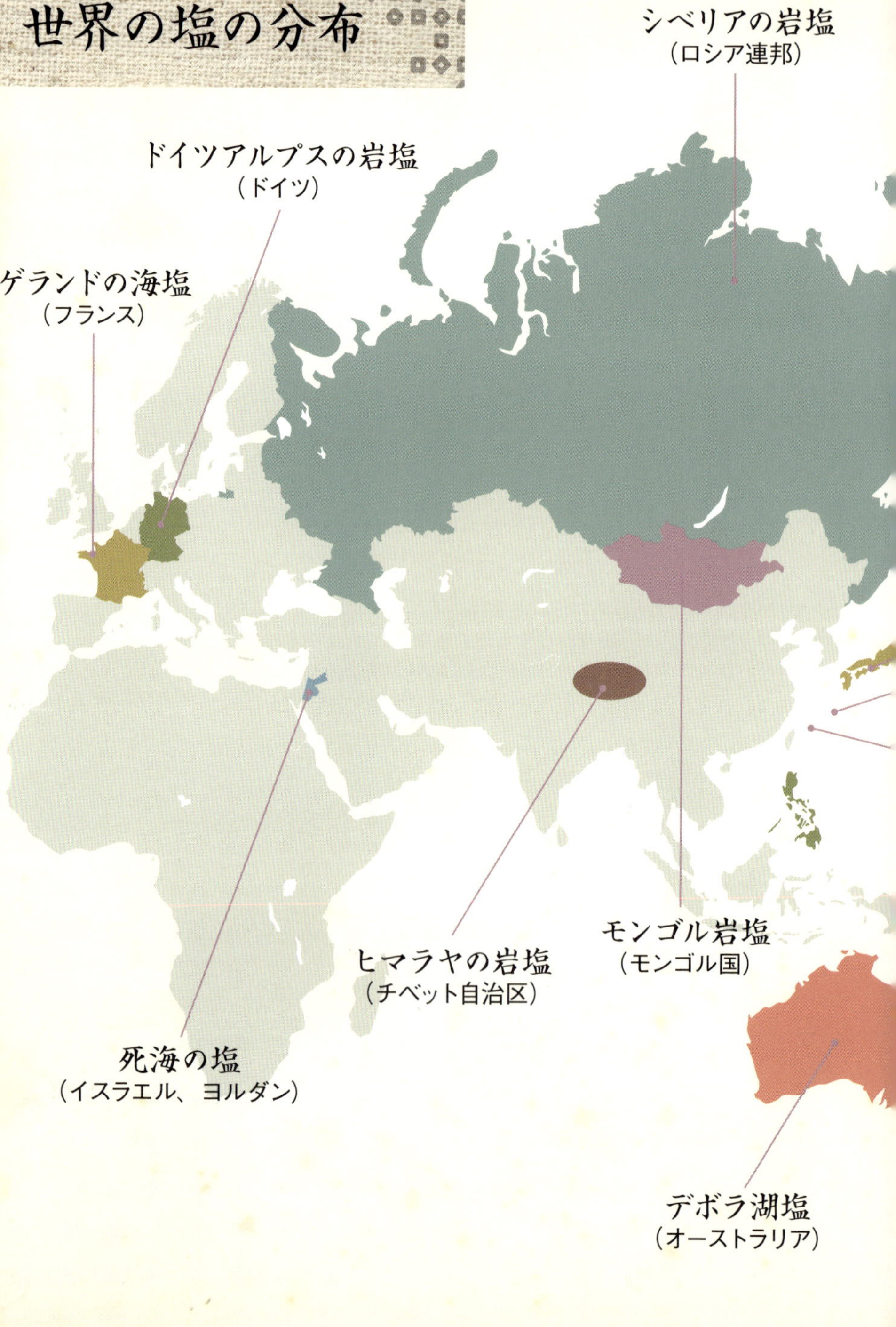

シベリアの岩塩
（ロシア連邦）

ドイツアルプスの岩塩
（ドイツ）

ゲランドの海塩
（フランス）

モンゴル岩塩
（モンゴル国）

ヒマラヤの岩塩
（チベット自治区）

死海の塩
（イスラエル、ヨルダン）

デボラ湖塩
（オーストラリア）

リットマンの岩塩
（アメリカ合衆国）

藻塩
（日本・瀬戸内など）

沖縄の塩
（日本・沖縄県）

テキサスの塩
（アメリカ合衆国）

雪塩
（日本・宮古島）

アラエア火山の赤土塩
（ハワイ周辺）

インカの天日塩
（ペルー共和国）

紅塩
（ボリビア共和国）

パタゴニア湖塩
（アルゼンチン）

第四章　塩

塩の合わせ調味料・香り塩

塩を使ってつくる合わせ調味料のうち、おもなものを紹介します。

抹茶塩　天ぷらと一緒に

<材料>
塩…小さじ3
抹茶…小さじ1
<つくり方>
すべての材料を混ぜ合わせる

カレー塩　サラダとの相性も◎

<材料>
塩…小さじ3
カレー粉…小さじ1
<つくり方>
すべての材料を混ぜ合わせる

山椒塩　塩味と辛味のハーモニー

<材料>
塩…小さじ1
粉山椒…小さじ1
<つくり方>
すべての材料を混ぜ合わせる

ごま塩　ごはんのおともに欠かせない調味料

<材料>
いり黒ごま…小さじ1
塩…小さじ3
<つくり方>
すべての材料を混ぜ合わせる

その他の合わせ調味料・香り塩

名称	材料	つくり方
しそ塩	青じそ…15枚 塩…40g	1.青じそを細かく刻む 2.保存用のびんに半量の塩を入れ、その上に青じそを全て入れる。さらに残った塩を加える
梅塩	塩…100g 赤梅酢…1/4カップ	1.鍋に塩と赤梅酢を入れる 2.よくかき混ぜてから、水分がなくなるまで弱火で煮詰める
えび塩	焼きえび…10g 塩…小さじ1	1.えびの目をとり、殻ごとフライパンで煎る 2.1をミルミキサーなどで粉末にする 3.塩を炒って粉末状にすり、2と混ぜ合わせる
ゆず塩	ゆずの皮…小さじ3杯分 塩…小さじ1	1.ゆずを洗い、皮のみをおろす→ゆずの皮を細かくする 2.塩と混ぜ合わせ、電子レンジで加熱し湿り気を飛ばす
ガーリック塩	塩…小さじ3 ガーリックパウダー…小さじ1 ブラックペッパー…少々	塩を炒って粉末状にすり、ガーリックパウダー、ブラックペッパーと混ぜ合わせる
バジル塩	乾燥バジル…小さじ3 塩…小さじ1	塩を炒って粉末状にする。粉末状にすった乾燥バジルと混ぜ合わせる

第四章 塩

調味料トピックス

◆ 塩編 ◆

塩の意外な利用法

●マグカップや茶碗の茶渋落とし

塩をひとつまみカップ（または茶碗）に入れ、水で濡らしたスポンジで軽くこすると、塩の細かい結晶が研磨剤の役割を果たし、大半の茶渋はきれいに落とすことができます。

なお、スポンジでは洗いにくい部分や、塩だけでは取れなかった汚れは、重曹を使うのがいいでしょう（カップに小さじ1杯の重曹とお湯を入れて半日以上置き、お湯が冷めたら、手袋をして、スポンジでこすります）。

●食器や調理器具を塩で洗う

食器や調理器具を洗うとき、塩は洗剤の代わりになります。研磨剤として汚れを落とし、雑菌の繁殖を抑え、消臭の効果も発揮します。排水口やパイプのヌメリ防止効果もあります。

●お風呂に塩を入れる「塩浴」

湯船に適量の塩を入れてから入浴すると、毛細血管が広がって血流がよくなり、温まりやすく、湯冷めもしにくくなります。入浴中のマッサージ効果も高まるので、むくみ防止や美容効果も期待できます。また発汗作用も高まるので、デトックスや美肌効果もあるといわれています。

●筋肉痛に効く「塩湿布」

塩を塗った温湿布は、古来からおこなわれきた民間療法です。患部を温め、筋肉痛をやわらげる効果があるとされ、ツボなどにも貼られてきました。塩をフライパンなどで煎って温め、布の袋に入れてから、テープなどを使って患部にあてます。塩を入れた袋を電子レンジで温めてもOKです。

第五章 砂糖

砂糖の基本

● 日本の年間生産量
69万4000 t

(独立行政法人農畜産業振興機構
「各国別の砂糖生産量(2009/10～
2015/16年度)」より)

● 1人当たりの砂糖消費量
17.5 kg

(独立行政法人農畜産業振興機構
「主要国の1人当たり砂糖消費量
(2009/10～2015/16年度)」より)
いずれも(粗糖換算、2015年10月～
2015年9月推定値)

大さじ1(上白糖9g、
グラニュー糖12g)あたりの
カロリー、食塩相当量

	カロリー	塩分換算量
● 上白糖	35kcal	0g
● グラニュー糖	46kcal	0g

(文部科学省「食品成分データベース」による)

砂糖とは

「甘味」という言葉で真っ先に思い浮かぶのは、砂糖でしょう。数ある甘味料のなかで、もっとも身近で、日常使いの調味料として活躍する存在です。

砂糖の主成分はショ糖（「スクロース」ともいい、ブドウ糖と果糖が結合したもの）で、日本ではおもにサトウキビ（甘蔗糖）、テンサイ（甜菜糖）を原料としてつくられています。

◆ 砂糖の調理効果

砂糖は甘味をつけるだけではありません。それ以外にも多くの調理効果を持っています。代表的なものを解説しましょう。

◇ 腐敗防止効果

砂糖は水に溶けやすい性質を持つだけでなく、食材の水分を抱え込んで離さない性質「親水性」「保水性」も持っています。そのため、塩と同じように、カビや細菌など食材を腐敗させる微生物の水分を奪い、増殖を抑えることができるのです。

この効果を最大限に生かしたものが、ジャムです。ジャムは傷みやすいフルーツ類をたっぷりの砂糖によって長期保存させる知恵の結晶なのです。

◇ 酸化防止効果

砂糖の保水性は、食材を酸化させる酸素が溶け込みにくい状態をつくり、酸化防止にも役立ちます。バターなどの油脂類が酸化すると嫌なにおいが発生しますが、砂糖を使ったお菓子は酸化が進みづらく、風味が長もちするのです。

◇ 肉を柔らかくする効果

たんぱく質は熱を加えると固くなる性質を持っていますが、砂糖にはたんぱく質（おもにコラーゲン）と水分を結びつける作用があり、肉などのたんぱく質を含む食材が固くなるのを防ぎます。すき焼きやビーフシチューなどの肉料理の下ごしらえに砂糖をもみ込むのは、この効果を使った工夫です。

◇ でんぷんの柔らかさ、弾力を保つ効果

でんぷんは加熱されると粘り気が出て、透明になります。これを糊化といいますが、糊化したでんぷんは時間が経つと老化し、粘りを失って固くなってしまいます。ごはんや餅がすぐに固く

なってしまうのは、この性質によるものです。ところが、あらかじめ砂糖を加えておくと、分子の隙間から水分を奪い、糊化状態を長く保つことができます。砂糖を使った寿司飯がしっとりし、餅菓子、ようかん、カステラなどが固くならないのは、この砂糖の効果があるからです。

◆ 発酵促進効果

パンづくりに使われる酵母（イースト）は、糖を栄養にして発酵をおこない、炭酸ガスを発生し、生地を膨らませています。小麦粉に含まれる糖だけでは十分でないため、少量の砂糖を加えると、発酵が促進され、生地がふっくらと仕上がります。

◆ 味を浸透させる効果

肉じゃがをつくるとき、食材の上にまず砂糖を加えるのはご存知でしょう。こうすると、食材の細胞組織が柔らかくなり、他の調味料の味もしみ込みやすくなります。また、乾燥させた豆や干ししいたけを水で戻すときにも、砂糖を少量加えると早く戻ります。

◆ とろみを出す効果

ジャムのとろみも砂糖のおかげです。砂糖を加熱すると、果物に含まれるペクチン（食物繊維）と結びつき、とろっとした食感を出すことができます。

◆ 苦味、酸味を和らげる効果

コーヒーに砂糖を入れると苦味が和らぎます。これをマスキング効果といい、柑橘類のきつい酸味を抑えることもできます。

◆ おいしそうな焼き色をつける効果

砂糖とアミノ酸（たんぱく質が変化したもの）を加熱すると、アミノーカルボニル反応（メイラード反応）を起こし、メラノイジンという色素が生まれます。これが、食欲をそそる褐色の焼き色、香ばしい香りの正体です。

◆ 卵をふわふわに仕上げる効果

オムレツや卵焼きは一気に加熱すると、舌触りの悪い仕上がりになってしまいます。砂糖を加えると、卵のたんぱく質に含まれる水分が砂糖によって吸収され、たんぱく質の固まる温度（凝固温度）が高くなり、緩やかに固まるようになります。その結果、柔らかく、なめらかに仕上がるのです。

また、メレンゲやホイップクリームをつくるときにも、砂糖はきめ細かい泡を保つ役割を果たします。これも、卵白に含まれるたんぱく質の水分を砂糖が抱え込んでくれるからです。

第五章　砂糖

砂糖の健康効果

　食事やおやつに使われた砂糖は、体内で素早く分解されてブドウ糖になり、吸収されます。ブドウ糖は、わたしたちの健康にも貢献しています。

脳のエネルギー源

　人間の活動にとって欠かせない脳は、人体が消費するエネルギーの約20％を消費します。その脳が通常エネルギー源にできるのは、ブドウ糖だけ。しかし脳はたくさんのブドウ糖を備蓄しておくことができないため、こまめにブドウ糖を摂ることは、脳にとって必要なことなのです。

即効性の高いエネルギー

　ブドウ糖は砂糖だけでなく、炭水化物に含まれるでんぷんからも分解、吸収されます。しかし両者を比較すると、砂糖の分子構造は非常にシンプルなかたちをしており、食べると短時間でブドウ糖が分解、吸収されます。疲れたときに甘い物が欲しくなるのは、そのためです。

ストレス軽減、リラックス効果

　ストレスを感じたとき、わたしたちの脳では精神を安定させ、リラックスを促進する神経伝達物質セロトニンが分泌されます。このセロトニンはトリプトファンというアミノ酸から合成されます。血液中のブドウ糖は、このトリプトファンを脳内に入りやすくする働きをしていることがわかっています。おやつを食べると気持ちが落ち着いたり、ストレスが和らいだりするのは、砂糖によってセロトニンの分泌が増えるからだと考えられています。

もっと知りたい！　調味料のこと

「無糖」「低糖」「微糖」の違い

　市販されているコーヒーなどの飲料に、「無糖」「低糖」「微糖」などの表示がありますが、これらは健康増進法のなかの「栄養表示基準」にもとづいて表示されています。飲料の糖分含有量に関しては、下記のような基準が定めています。

・糖類が100㎖あたり0.5g未満の飲料製品
→「無糖」「糖類ゼロ」の表示を使用してもよい
・糖類が100㎖あたり2.5g未満の飲料製品
→「低糖」「微糖」「糖分ひかえめ」の表示を使用してもよい

　なお、「甘さ控えめ」という表示については、この基準によって表示を制限されるものではないため、糖分含有量については、ご自身で栄養成分表示を確認しましょう。

砂糖の種類

　砂糖は、その製造法の違いによって、大きく「分蜜糖」と「含蜜糖」とに分けることができます。お店などでよく見かける砂糖の大半は、このどちらかに含まれています。市販されている一般的な砂糖の多くは原料として甘蔗（サトウキビ）を使っていますが、近年は甜菜（サトウダイコン、ビート）を使ったものも増えているようです。

分蜜糖

　分蜜糖は、原料となる甘蔗などの搾り汁「糖液」を結晶化させ、残りの「糖蜜」（結晶として使わない蜜の部分）を分離したもののこと。原料糖（粗糖）を精製してつくるので「精製糖」とも呼ばれます。わたしたちが通常「砂糖」と呼んでいるのは、おもにこの分蜜糖です。分蜜糖には、ザラメ糖、車糖、加工糖などがあります。

ザラメ糖

　結晶の大きい分蜜糖です。ショ糖の純度が高いため甘く、サラサラと乾いているのが特徴です。白ザラメ、中ザラメ、グラニュー糖などがこの分類に含まれます。

グラニュー糖……ショ糖の純度は白ザラメと同じで、ほぼ100％。しかし結晶は小さく、サラサラとしています。水に溶けやすく、甘さにもクセがないので、世界でもっともポピュラーな砂糖です。日本ではコーヒーや紅茶の味付け、洋菓子に使うのが一般的ですが、料理にも幅広く使えます。

中ザラメ（中ザラ糖、中双糖）……結晶の大きさ、ショ糖の純度は白ザラメとほぼ同じ。製造時の加熱によって、薄い黄褐色になります。独特のまろやかな風味を持っており、水に溶けるのが比較的遅いので、漬物や煮物のうま味やコク出しに使われています。

車糖

　結晶が小さく、しっとりとした手触りのある分蜜糖です。ショ糖の純度（甘さ）は、ザラメ糖よりはほんの少し低くなっています。上白糖、三温糖がこの分類に含まれます。

上白糖（白砂糖）……日本ではもっとも一般的な砂糖ですが、じつは海外ではあまり多くありません。日本独特の砂糖だといえるでしょう。結晶が細かく、しっとりとし、ソフトな味わいが特

徴です。ほどよい甘味とコクがあるので、料理、菓子、飲物など、万能調味料として使われています。

三温糖……砂糖の精製は、結晶を取り除いた糖蜜をさらに何度も再結晶化させておこなわれます。「三温」は、このとき加熱が繰り返されたことからついた名前。薄い褐色も加熱によるものです。結晶は小さく、ショ糖の純度は上白糖より少し低くなりますが、それでも95％ほどです。カラメルの持つ独特の風味が特徴で、むしろ甘味は強く感じます。煮物や味噌汁、佃煮などに使うと、味に深みとコクを与えます。

加工糖

用途に合わせて加工した分蜜糖です。ザラメ糖（おもにグラニュー糖）を原料としたものが多いので、ショ糖の純度は高めです。氷砂糖、角砂糖、粉砂糖がこの分類に含まれます。

角砂糖……グラニュー糖を四角に固めた砂糖です。おもな用途はコーヒーや紅茶です。

粉砂糖……グラニュー糖や白ザラメを粉砕し、パウダー状にした砂糖です。水やバターに溶けやすい性質を利用し、洋菓子づくりによく使われています。

氷砂糖……グラニュー糖をお湯で溶かし、種（シード）と呼ばれる小さな氷砂糖の結晶を使って、大きく再結晶化させたものです。ショ糖の純度はほぼ100％。水に溶けるまで長い時間がかかるため、果実酒づくりによく用いられます。浸透圧で、果実のうま味をゆっくり引き出すことができます。

和三盆

おもに香川、徳島でつくられている淡黄色の含蜜糖です。この地域特有のサトウキビ品種「竹糖」を原料にし、伝統的な製法でつくられています。黒砂糖と成分はよく似ていますが、味わいはよりまろやかで、くちどけのよさが特徴です。和菓子などに用いられています。

含蜜糖は、糖蜜を分離しないで、原料となる甘蔗などの搾り汁「糖液」をそのまま煮詰めて、結晶化したものです。ショ糖の純度は低くなりますが、ミネラルなどの成分を多く含みます。製法は種類によってさまざまです。含蜜糖には、黒砂糖や赤砂糖などがあります。

黒砂糖

サトウキビの搾り汁をそのまま煮詰め、固めた黒褐色の含蜜糖です。ショ糖の純度は75％ほどですが、独特の風味とコクが加わることで、むしろ濃厚な甘味を感じます。そのままお菓子と

して食べることもありますが、水に溶かして煮詰めた「黒蜜」もよくつくられています。

赤砂糖

　砂糖液を、精製の途中でそのまま煮詰めてつくる砂糖。不純物を完全にろ過しないため、サトウキビの風味とミネラルが生きた、まろやかな味わいが残ります。すっきりとしたグラニュー糖と、コクのある黒砂糖の中間くらいの味わいが特徴です。

　上白糖と同じように、どんな場面でも使うことができます。

もっと知りたい！ 調味料のこと

砂糖の原材料

　砂糖の原材料にはカエデやヤシなどもありますが、おもに甘蔗（サトウキビ）からとる「甘蔗糖」と、「甜菜」（サトウダイコン、ビート）からとる「甜菜糖」が使われます。

　甘蔗はトウモロコシに似たイネ科の多年性植物で、おもに熱帯・亜熱帯圏の中南米・アジア・アフリカの国々で生産されます。

　一方、甜菜は温帯の中部から北部にかけての冷涼な地域に育ちます。生産国としては、おもにヨーロッパのフランス・ドイツなどがあげられます。

　どちらも不純物をきれいに取り除いて精製すれば、味に大きな違いはありません。

　ちなみに日本では、国内消費量の3分の2を輸入の原料糖（甘蔗糖）から、3分の1を北海道の甜菜と沖縄・鹿児島の甘蔗から精製しています。

サトウキビ

サトウダイコン

砂糖でつくるソース

砂糖を使ってつくるソースのうち、おもなものを紹介します。

黒蜜 — きな粉との相性は抜群

<材料>
黒砂糖…80g　　　水…1/2カップ
上白糖…40g

<つくり方>
1. 鍋にすべての材料を入れ、弱火にかける
2. アクを取りながら煮立てる
3. とろみがついてきたら火から下ろして粗熱を取り、冷蔵庫で冷やす　※余熱でかたまるので、煮詰めすぎに注意する

シロップ — 甘みの足りない飲み物などに

<材料>
グラニュー糖…2/3カップ
水…1カップ

<つくり方>
1. 鍋にグラニュー糖と水を入れ、中火にかける
2. グラニュー糖が焦げないようにかき混ぜつつ、沸騰したら火をとめ、粗熱をとる

その他のソース

名称	材料	つくり方
カラメルソース	グラニュー糖…100g 水…大さじ2 熱湯…大さじ3	1. 鍋にグラニュー糖と水を入れ、中火にかける。ときどき鍋をゆすってグラニュー糖を溶かす 2. ときどき鍋をゆすって、グラニュー糖を溶かす 3. あめ色になったら火からおろし、冷水につける 4. 熱湯を少しずつ加え、混ぜ合わせる。はねる熱湯に注意
みたらしダレ	しょうゆ…大さじ1 上白糖…大さじ4と1/2 水…大さじ4 片栗粉、水 …（それぞれ）小さじ1、大さじ1	しょうゆ、砂糖、水を熱し、煮立ったら水で溶いた片栗粉でとろみをつける

第五章　砂糖

調味料トピックス

◆ 砂糖編 ◆

金平糖にまつわるあれこれ

砂糖を使った伝統的なお菓子、金平糖。16世紀半ばに、ポルトガルからもたらされたお菓子で、ポルトガル語で砂糖菓子を意味するconfeito（コンフェイト）がそのまま日本語となり、漢字が当てられたものだと言われています。織田信長も宣教師ルイス・フロイスから献上され、その愛らしい形と味わいを賞賛しました。

金平糖は巨大な「銅鑼（どら）」と呼ばれる、斜めに傾斜をつけた回転鍋でつくられます。熱した銅鑼に、まず金平糖の核となる白ザラメなどを入れ、その小さな粒の上から糖蜜を少しずつかけ、ゆっくり回転させます。こうすることで、蜜が粒の表面につき、少しずつ体積が大きくなるのです。成長するのは1日の作業で1mm程度。小さな金平糖でも2日がかり、大きなものでは1～2週間かかる作業です。

また銅鑼の表面に触れて張り付いた部分が回転によって引っ張られることで、金平糖の特徴である凹凸の角（つの、イガ）が生まれます。上質な金平糖は、この角をできるだけ多く、きれいに、均等に出せるよう、状態を見極めながら、職人がつきっきりで作業をおこないます。

素朴な見かけとは裏腹に、温度や湿度、蜜の状態などによって微妙な調整が必要な、非常に手間のかかるお菓子なのです。

カラフルな色彩は、赤ならば赤大根、黄色はくちなしを使って蜜を着色することでつけています。また日本では、さまざまなメーカーや職人などの研究の結果、季節の果物風味を加えたり、チョコレートなどを使ったオリジナルの金平糖も登場するようになっています。

第六章

みりん

みりんの基本

大さじ1(18g) あたりの
カロリー、食塩相当量

　　　　　　カロリー　塩分換算量

●**本みりん**　43kcal　　0g

●**みりん風**　41kcal　　0g
　調味料　　　　　　(微量に含む)

(文部科学省「食品成分データベース」による)

みりんとは

伝統的な製法でつくられるみりんを「本みりん」と呼びます。もち米、米麹、アルコール（焼酎など）を原料に醸造され、アルコール分を含むため、法律上は酒の一種「酒類調味料」と分類されています。舌に残りにくく、砂糖とは違う上品な甘さを持つ本みりんは、和食に欠かせない調味料として親しまれています。

❖ みりんのおいしさ

本みりんの甘味は、蒸したもち米のでんぷんが麹菌（こうじ）の酵素によって分解されたものです。グルコース、イソマルトース、ブドウ糖、オリゴ糖など、数種類の糖が含まれているので、普通の砂糖よりも、複雑で、やさしく、まろやかな味わいを持ちます。

❖ みりんの調理効果

調理料としての本みりんは、他の調味料にはないいくつかの特徴的な効果があります。それらを知れば、みりんを上手に使いこなせるようになります。

◇ 照り、ツヤを出す効果

本みりんを使って加熱した料理には食欲をそそる照り、ツヤが出ます。これは本みりんに含まれる複数の糖が加熱され、光沢のある膜になるからです。

照り焼きやうなぎの蒲焼きの褐色に輝く照りは、この膜にしょうゆのアミノ酸と本みりんの糖がアミノーカルボニル反応（メイラード反応）を起こし、メラノイジンという色素が発生することで生まれます。

◇ 素早く均等に味がしみ込み、コクが出る効果

本みりんにはアルコールが含まれています。アルコール分子は非常に小さいので、ほとんどの食材に素早く浸透することができます。このとき同時に周囲の分子を引き入れるので、素早く、均等に食材に味をしみ込ませることができるのです。

また、本みりんには、もち米のたんぱく質が分解されたアミノ酸（グルタミン酸、ロイシン*など）や有機酸（乳酸、クエン酸など）、そして糖類が豊富に含まれているので、複雑でコクのある味わ

> **ロイシン**
> アミノ酸の1種。体内で生成できないため、食事から栄養分として摂取しなければならない。肝臓の機能を高めたり、筋肉の生成や修復する働きを持つ。また、ストレスを緩和する効果や育毛効果も研究されている。

いになります。

　なお、調理を終えるころには、アルコールは加熱によって蒸発し、素材のうま味だけを残すことができます。

◆ 臭み消し効果

　本みりんを魚や肉の加熱調理に使うと、アルコールが蒸発すると同時に、材料の内部にあった生臭さの原因の成分も一緒に蒸発する効果が得られます。また、本みりん特有の香気成分（フェルラ酸エチルなど）も化学反応を起こし、臭み消しに貢献します。

◆ 煮くずれ防止効果

　本みりんに含まれるアルコールと糖には、肉や魚の細胞組織を引き締め、野菜類からでんぷんが流れ出すのを防ぐ相乗効果があります。煮崩れを防いで、食材のうま味を閉じ込めることができます。

もっと知りたい！　調味料のこと

本みりんは「料理酒＋砂糖」で代用できる？

　本みりんはおもにアルコールと糖分からできています。では、本みりんと料理酒はどのように使い分けるのでしょうか？

　本みりんが糖分を含んでいるのに対し、料理酒はおもにアルコールと塩分からできています。糖分を含まない分、料理酒は本みりんのようなコクを生み出すことはできないのです。

　だからといって、酒に砂糖を足せば解決するのかというと、そう単純な話ではありません。なぜなら、本みりんは、ブドウ糖やオリゴ糖など、さまざまな糖で形成されているから。それが、上品で深みのある甘さや風味をつくります。一方、砂糖は1種類の糖のみで形成されています。そのため、本みりんの代わりに砂糖を使ったとしても、狙ったほどの味の深みを生み出すことはできず、淡白な味わいになってしまうのです。

　本みりんはほかの調味料では簡単に代用できない、優れた個性を持っています。だからこそ、本みりんは和食にとってなくてはならない調味料なのです。

　このように、調理の際は、それぞれの調味料の特徴を知ったうえで、適切に使い分けることを心がけましょう。

第六章　みりん

みりんの種類

　現在、みりんと呼ばれるものには「本みりん」「みりん風調味料」「発酵調味料」の3つがあります。見た目はよく似ていますが、その原料や製法、成分は大きく異なっています。その違いについて解説しましょう。

本みりん
　もち米、米麹、醸造アルコール（おもに米焼酎）、糖類など、酒税法に定められた原材料のみを使い、米麹の酵素でじっくり糖化・熟成されたものです。伝統的な「みりん」は、ここに含まれます。アルコール度数は14度前後で、酒税法上は酒類調味料に分類されます。

みりん風調味料
　原料はさまざまですが、糖類（ブドウ糖、水飴）に、グルタミン酸などの調味料、酸味料を混合してつくるのが一般的です。アルコールをほとんど含まない（1％未満）ので、酒類販売許可を持たないお店でも手に入ります。本みりんの持つアルコールの調理効果などは持ちませんが、その代わり、合わせ調味料をつくるときに煮切る必要はありません。

発酵調味料

もち米、米、糖類、アルコールなどを発酵させたものを配合し、塩分を2％程度加えたものです。アルコールを10％前後含んでいますが、塩が加わることで飲料用ではなくなるため、酒税はかからず、酒類販売許可も必要ありません。

「本みりん」「みりん風調味料」「発酵調味料」の違い

	本みりん	みりん風調味料	発酵調味料（料理酒など）
原材料	もち米・米麹 醸造アルコール 糖類など酒税法で 定められた原料	糖類・米 米麹・酸味料 調味料など	米・米麹 糖類・アルコール 食塩など
製法	糖化熟成	ブレンドなど	発酵・加塩 ブレンドなど
アルコール分	約14％	1％未満	約14％
塩分	0％	1％未満	約2％

> もっと知りたい！ 調味料のこと
>
> # 本みりんとみりん風調味料の使い分け
>
> 　本みりんとみりん風調味料の調理効果は、基本的に変わりません。
> 　ただし、本みりんはアルコールを含んでいるため、加熱しない料理（マリネ、ドレッシング、和え物）に使用する場合は、煮切りして、アルコールを飛ばす必要があります。一方のみりん風調味料は、アルコール分をあまり含んでいないため、煮切る必要がなく、調理の手間を省くことができます。
> 　また、みりん風調味料はより糖度が高いため、食材に照りツヤをつけたいときにおすすめです。
> 　しかし、みりん風調味料がいいことづくめかというと、一概にはいえません。みりん風調味料は水飴などの糖類をブレンドしてつくられます。それに対し、本みりんはじっくりと熟成をしてつくられるため、その間にさまざまな糖類やうま味成分がつくり出されます。上品でまろやかなコクとうま味を生み出すという点では、本みりんがおすすめです。

> 調味料トピックス

◇ みりん編 ◇

みりんプリンのつくり方

　みりんを使った和風プリンをつくることができます。ふだん食べているものとは違う上品な甘さと味わいが意外にクセになりますよ。

<材料（6個分）>
●プリン
みりん…1カップ
牛乳…1カップ
卵…2個
●シロップ
みりん…大さじ2
しょうゆ…小さじ1
水…大さじ1

<つくり方>
1．鍋にみりんを入れ、半量になるまで煮詰めます（焦げやすいので火を強くし過ぎないように注意してください）。半量になったら、そのまま常温になるまでしっかり冷まします。
2．1に、牛乳、溶き卵を入れてかき混ぜます。ザルなどでこすと、できあがりがなめらかになります。これを耐熱のプリン容器（カップ）6個に流し入れます。
3．蒸し器に入れ、ごく弱火で7〜8分ほど蒸します。（140度のオーブンで30分ほど焼くと、焼きプリンになります）
4．鍋にシロップ用のみりんを入れ、半量になるまで煮詰め、しょうゆ、水を加えて混ぜます。水溶き片栗粉を少量使うと、プリンにからみやすくなります。
5．3を冷ましたら、4のシロップをかければできあがりです。冷蔵庫で冷やしてから食べてもおいしくいただけます。

第七章 酒・麹

酒・麹の基本

大さじ1 (15g) あたりの
カロリー、食塩相当量

	カロリー	塩分換算量
●純米酒	15kcal	0g
●米麹	42.9kcal	0g
●塩麹	20kcal	12.5g

(文部科学省「食品成分データベース」による)

酒とは

日本を代表する醸造酒の調味料といえば、「清酒」（いわゆる「日本酒」）でしょう。加熱することでアルコールを飛ばし（蒸発させ）、香りとうま味だけが残るように使うのが基本です。それだけで、さまざまな効果を発揮します。みりんやワインなどの他のアルコール系調味料に比べて、個性が強すぎないのも魅力です。和洋中華を問わず、多くの料理に使うことができます。

❖ 「清酒」の調理効果

◆ 素材に味をしみ込ませ、コクやうま味を出す効果

清酒には十数％のアルコールが含まれています。アルコール分子は非常に小さく、加熱されると清酒やその他の調味料に含まれる、うま味成分、酸、糖などと一緒に素早く、均等に食材の内部に浸透します。その結果、調味料類の味をしっかり料理にしみ込ませることができるのです。また、清酒に含まれるうま味成分（アミノ酸類）も、料理にコクとうま味を与えます。

清酒のうま味や風味だけを生かす調理法のひとつに「煮切り酒」があります。これは清酒を鍋に入れて火にかけ、アルコールを飛ばしたもののこと。和え物や酢の物に使うと、全体をまとめ上げ、素材の味を生かした仕上がりになります。

◆ 魚や肉の臭みとり効果

魚と清酒を一緒に加熱すると、アルコールが蒸発すると同時に、素材内部のトリメチルアミン成分も一緒に蒸発し、生臭さを取り除くことができます。また、清酒に含まれる香気成分も臭み消しに貢献します。そのため古くから、魚の照り焼き、蒸し、煮物、汁、鍋などの調理に清酒が使われてきました。肉の臭み消しにも効果があります。また、塩を振った魚を、水と清酒を1対1に合わせた「玉酒*」で洗ったり、漬けておくという伝統的な料理法もあります。こうすることで、臭みを取り、うま味を閉じ込めることができます。

◆ ふっくら、柔らかく仕上げる効果

清酒に含まれるアルコールには肉や魚などを柔らかくする効果があります。その一方、温度の高い食材の表面部分では、たんぱく質が熱で固まるのを促進するので、煮物や焼き物に使うと、ふっくらと柔らかく、しかも歯ごたえのよい仕上がりになります。

> **玉酒**
> 日本酒を使った伝統的な調理法の1つ。日本酒と水を同量あわせたもので、魚を洗って臭みを取るときに使う。冷凍魚などを玉酒につけて解凍すると魚のうま味が逃げずおいしく解凍される。

◆ 静菌・殺菌による保存効果

アルコールには菌の増殖を抑制する働きがあります。清酒ももちろん同じ。食材の下処理に使えば風味づけをしながら、長く保存することができます。

酒の種類

　清酒は製造方法によって「醸造酒」（清酒、ビール、ワインなど）、「蒸留酒」（焼酎、泡盛、ウイスキー、ウォッカなど）、「混成酒」（ベルモット、リキュール、みりん、合成清酒など）に分けられます。このなかでもっとも調理に利用されることが多いのは醸造酒です。

料理酒　清酒　蒸留酒　その他の醸造酒

醸造酒

清酒

吟醸酒……精米歩合60％以下の白米、米麹、水を原料とした清酒です。醸造アルコールを加える場合もあります。

純米酒……白米、米麹、水だけを原料とする清酒です。

本醸造酒……精米歩合70％以下の白米、米麹、醸造アルコール、水を原料する清酒です。

　この分類は、原材料と精米歩合で決まります。精米とは、玄米の表面を削り取り、きれいな白米にする作業のこと。精米歩合は、その白米の重量と、もともとの玄米の重量を比較した比率です。ですから吟醸酒の「精米歩合60％以下」とは、玄米の表面部分の40％以上を削り取っている、という意味になります。
　清酒がそれほど精米をするのは、玄米の表層に雑味と感じる成分が多く含まれているからです。そこを削り取るほど、味わいがすっきりし、さらに吟醸香と呼ばれる清酒特有の香りも強くなります。一般的に吟醸酒の評価が高いのは、このためです。

しかし、これは飲み物としての清酒です。調味料としてみると、じつは玄米の表面にはたんぱく質やビタミンが豊富に含まれており、たんぱく質は、醸造後にうま味成分・アミノ酸に変化しますから、できるだけ多いものを使うのがよいでしょう。

料理酒

いわゆる「料理酒」には、いろいろなタイプのものがあります。一般的なものは、清酒に2％程度の塩を加えた「加塩料理酒」、アルコールに糖類、アミノ酸、有機酸、清酒の成分などを加え、清酒の風味を出るように調節したアルコール飲料「合成清酒」の2種類です。

加塩料理酒は塩分を含むため、酒税がかからず、その分安価です。合成清酒には酒税がかかりますが、清酒よりも税率が低いので低価格になるという特徴があります。

その他の醸造酒

ビールやワインなど、清酒以外の醸造酒も料理にしばしば使われます。とくに、肉を煮込むときに適量の赤ワインを加えると、肉のコラーゲンが膨張しやすくなり、肉がより早く柔らかくなります。また、肉汁を閉じ込めてジューシーに仕上げるなどの効果があります。

蒸留酒

醸造酒を蒸留すると、エタノールが凝縮され、酒に含まれるアルコール度数を高めることができます。こうしてつくられるのが蒸留酒です。

焼酎、泡盛、ウイスキー、ウォッカなどがこれに含まれます。とくに果実酒を蒸留してつくられたブランデーや、サトウキビの廃糖蜜の搾り汁を原料としてつくられるラム酒は、肉料理の風味づけに使われることがあります。

肉や魚をフライパンで調理する際、最後にブランデーなどを落とし、炎を上げて一気にアルコール分を飛ばす「フランベ」という調理法も、香りづけのための方法のひとつです。

醸造法による分類

醸造酒	糖質やでんぷん質を原料にし、酵母などの働きで、アルコール発酵によりつくられるもの。 **単発酵酒**……ぶどうやりんごなどの果汁、サトウキビなどの搾り汁、はちみつなどを原料とし、それらに含まれる糖質のアルコール発酵によってつくられるもの。ワイン、シードルなど。 **複発酵酒**……糖化とアルコール発酵の両方のプロセスを経て製造されるが、糖化とアルコール発酵を分けて行うもの。ビールなど。 **並行複発酵**……糖化とアルコール発酵の両方のプロセスを経て製造されるが、同じ容器の中で糖化と発酵を同時にもの。日本酒など。
蒸留酒	原料を発酵させたあと、蒸留することにより、アルコール度数を高めたもの。 **単式蒸留**……醸造された諸味や発酵液を蒸留釜に入れ、加熱して留出し、原料の風味をよく出すもの。乙類焼酎、モルトウィスキーなど。 **連続蒸留**……醸造された諸味や発酵液を蒸留釜に入れ、連続的に蒸留をおこない、アルコール度数を上げていくもの。風味は薄れる。甲類焼酎など。
混成酒	醸造酒や蒸留酒に糖類、有機酸類、生薬などを混ぜたりしてつくられるもの。 製造時にアルコール発酵プロセスを持たない。梅酒、リキュールなど。

麹とは

　日本でもっともポピュラーなのは米を使った米麹でしょう。清酒、しょうゆ、味噌、酢、みりんの醸造にも使われる米麹は、日本における発酵食品の醸造に欠かせないものです。この米麹にも、調味料としての側面があります。ごく一部の地域で漬物などに使われる以外はあまり知られてきませんでしたが、最近では米麹と塩を使った発酵調味料「塩麹」が大きなブームとなり、麹の持つ調味料としての魅力が広く認識されるようになっています。

❖「米麹」の調理効果

◆ 肉や魚を柔らかくする効果

　米麹には、肉や魚、野菜類を柔らかくする働きがあります。これはプロテアーゼというたんぱく質を分解する酵素、アミラーゼというでんぷんを分解する酵素が米麹には豊富に含まれているからです。

　食材を塩麹に漬けておくと、しっとり柔らかくなるのは、おもにこの酵素の働きによるものです。

◆ うま味・甘みを引き出す効果

　米麹に含まれる酵素は、食材中のたんぱく質をさまざまなアミノ酸（プロテアーゼなどの働き）、でんぷんをさまざまな糖類（アミラーゼなどの働き）に分解するので、肉や魚からうま味、野菜から甘味を引き出すことができます。

◆ 健康効果と美容効果

　米麹には、アミラーゼ、プロテアーゼ、リパーゼ、ペクチナーゼをはじめとする非常に多くの酵素が含まれており、また発酵の過程ではビタミンB群やオリゴ糖なども生成することがわかっています。さらに食物繊維を多く含みます。そのため、その健康効果、美容効果にも注目が集まっています。

　たとえば、麹に含まれるアミラーゼはでんぷんを、プロアテーゼはたんぱく質を分解します。これらの酵素は、高温になると活動が止まる（死活する）性質があるので、加熱調理に利用する際は、常温以下で他の食材を十分に分解させてから摂取したほうがいいでしょう。体内での消化・吸収を助けることにつながるからです。

　また、麹の食物繊維、酵素が放出するオリゴ糖は、腸内で活動する乳酸菌の栄養になると考えられています。

> 調味料トピックス

◆ 酒・麹編 ◆

万能調味料「塩麹」

　家庭で麹を利用するといえば、やはり定番は「塩麹」でしょう。冷蔵庫で2週間程度保存できるので、調理の予定に合わせて使う分だけつくり、常に常備しておくようにしたいものです。

　活用法は工夫次第。肉や魚の下ごしらえだけでなく、さまざまな食材を焼く、炒める、漬ける、和えるときなど、万能の発酵調味料として使えます。

<材料>
米麹（乾燥）…200g
塩…70g
水…適量（目安は1カップ程度）

<つくり方>
1.清潔な保存用の容器を用意します。できれば透明なものがよいでしょう。（内部の発酵の進み具合がわかるので便利です）
2.ボウルに米麹をほぐし、塩をまんべんなくかき混ぜます。
3.保存用の器に移し、ちょうどつかる程度の水を入れ、よくかき混ぜ、常温に置きます。
4.毎日1回かき混ぜ、10日ほどでできあがりです。冷蔵庫に移して保存してください。

◆ポイント
・米麹全体に塩が混ざるように混ぜましょう。きちんと混ざっていないと腐敗する原因になります。
・水はちょうどつかるくらいがベストです。つくった翌日に米麹が水分をすって、水位が減っていることがあるので、そのときはちょうどつかる程度に水を追加してください。
・気温が低く、塩が溶けづらいときは、60℃くらいに冷ましたお湯を使うときれいに溶かすことができます（60℃以上になると、麹の働きが弱ってしまうので注意してください）。

第八章 出汁

出汁の基本

かつお節
● 年間生産量
3万2265トン

● 生産量1位
鹿児島県 2万2887t
(農林水産省「水産加工品の加工種類別品目別生産量(都道府県別)(平成24年)」より)

煮干し
● 年間生産量
2万1400t(イワシ)

● 生産量1位
長崎県 5165t
(農林水産省「水産加工品の加工種類別品目別生産量(都道府県別)(平成24年)」より)

干ししいたけ
● 国内生産量
3696t

● 国内生産量1位
大分県1534t
(林野庁「特用林産基礎資料」平成23年より)

出汁とは

　出汁は、食材のうま味を抽出したスープです。日本では古くから出汁を取るために「かつお節」「昆布」「煮干し」「干ししいたけ」といった加工食品を生み出し、手軽に使える調味料として扱えるようにしてきました。

　1908年、東京帝国大学の池田菊苗博士は、昆布出汁から出る味の正体を研究し、うま味が生じるアミノ酸系の物質グルタミン酸を発見しました。出汁が生み出す風味を「うま味」と名づけたのも池田博士でした。ここから「うま味調味料」が誕生したのでした。

❖ 出汁のおいしさ

　うま味は「おいしさ」のすべてではありません。「うまい」という言葉と混同しそうですが、おいしさは、甘味、酸味、塩味、苦味、うま味がバランスよく調和することで生まれるものです。

　かつて、西洋の科学者たちは、舌が感じる味を甘味、酸味、塩味、苦味の4つに分類し、すべての料理の味わいをこの4味の組み合わせで説明しようとしてきました。しかし、その後、かつお節に含まれるイノシン酸、干ししいたけに含まれるグアニル酸といったうま味成分が次々と発見され、舌にグルタミン酸を感じる受容体があることも判明。こうした科学的な成果を経て、5つめの基本味として「うま味」が認められるようになったのです。国際的には「UMAMI」という用語が用いられています。

　うま味は、「出汁を取る」という文化を持つ日本人だからこそ見つけられた味といえるでしょう。

❖ 出汁の調理効果

◇ うま味の「相乗効果」

　うま味を感じさせる物質の代表的なものがグルタミン酸、イノシン酸、グアニル酸、コハク酸です。グルタミン酸は昆布や野菜など、イノシン酸は魚や肉類、グアニル酸はきのこ類に多く含まれています。

　また、これらのうま味成分は1種類だけを濃厚にするよりも、性質の異なる複数のうま味成分を組み合わせるほうがずっと効果的だということがわかっています。とくにアミノ酸系のうま味成分グルタミン酸と、核酸系のうま味物質イノシン酸またはグアニル酸を組み合わせると、舌に感じるうま味は飛躍的に強まります。これを、うま味の「相乗効果」といいます。

　日本では、昆布とかつお節を使った合わせ出汁が、古くから使われてきました。これはグルタミン酸（アミノ酸系うま味）とイ

> **UMAMI**
> 1985年に開催された第一回うま味国際シンポジウムを機に、うま味（英語表記＝UMAMI）という用語が国際的に使用され、2002年にうま味受容体の「T1R1/T1R3」が発見されたことで、基本味の1つとして認知された。

ノシン酸（核酸系うま味）を組み合わせています。肉料理を好む西洋では、そのソースやスープのベースとして、トマトや玉ネギ、チーズといった食材を用いてきました。これはイノシン酸が多く含まれる肉に、グルタミン酸の豊富な食材を合わせているのです。わたしたちは経験的に、うま味の相乗効果を利用してきたといえるでしょう。

　出汁と食材のうま味成分を覚えておけば、家庭でもこの相乗効果を活用できます。出汁は、料理にうま味を付け加えるだけではなく、食材のうま味を引き出す役割を持っているのです。

◆ おもなうま味成分と出汁・食材

アミノ酸系のうま味成分

　たんぱく質は、20種類のアミノ酸が結合したものです。アミノ酸はそれぞれ特有の甘味、苦味、うま味などを持っていますが、うま味成分を持つアミノ酸の代表格といえば、昆布に豊富に含まれるグルタミン酸でしょう。またアスパラギン酸にもうま味を感じさせる働きがあります。人間の母乳には、グルタミン酸が非常に多く含まれていることがわかっています。

■グルタミン酸を多く含むおもな出汁・食材

出汁	昆布、イワシ、干し貝柱
食材	チーズ、生ハム、トマト、玉ネギ、白菜、ニンジン

核酸系のうま味成分

　核酸はリン酸などがヌクレオチドと呼ばれる構造で結合した物質です。もっとも有名なのは、生物の代謝に欠かせない核酸、アデノシン三リン酸（略称ATP）でしょう。うま味成分を持つ代表的な核酸は、イノシン酸（イノシン一リン酸、IMP）、グアニル酸（グアノシン一リン酸、GMP）です。

■イノシン酸を多く含むおもな出汁・食材

出汁	かつお節、煮干し、鶏ガラ
食材	サバ、タイ、牛肉、豚肉、鶏肉

■グアニル酸を多く含むおもな出汁・食材

出汁	干ししいたけ
食材	ポルチーニ

有機酸系のうま味成分

　有機酸とは炭素（有機）と結びついていて、酸性の性質を持つ物質のことです。酢酸やクエン酸、乳酸などがよく知られています。うま味成分を持つ有機酸は、コハク酸です。

コハク酸を多く含むおもな出汁・食材

出汁	干し貝柱
食材	貝類

第八章　出汁

出汁の種類〜かつお節

　かつおは、日本人にとって馴染みの深い魚であり、しかし、カツオ、サバ、ソウダガツオ、アジ、イワシといった赤身の回遊魚は、鮮度が落ちるのが早く、保存や運搬には適しません。そこで堅魚（干したかつお）や煮堅魚（煮てから干したかつお）が誕生します。ヤマト朝廷のころの文献に残っているので、これが現在のかつお節のルーツと呼べるでしょう。

❖ かつお節のおいしさ

　かつお節のうま味成分といえばイノシン酸ですが、じつは生きて泳いでいるかつおの体内には、この物質はほとんど含まれていません。かつおが死ぬと、筋肉中の酵素によって生物の代謝に欠かせない核酸、アデノシン三リン酸（ATP）が分解され、イノシン酸へと変化します。

　かつお節は、生のかつおが水揚げされたあと、イノシン酸がもっとも多いタイミングで煮ることで劣化を止め、発酵によってそのうま味を閉じ込めたものです。

❖ かつお節の種類

荒節

　切り分けたかつおを煮詰め、煙でいぶし、乾かしたもの。こうすることで、かつおに含まれる水分を追い出し、うま味を凝縮します。あらかじめ削り、真空パックに入れて市販される「削り節」にもよく使われています。

枯れ節

　荒節にカビ（かつお節カビ）をつけ、発酵させたものです。意外にも、かつお節（枯れ節）は発酵食品なのです。

その他

まぐろ節……3kg以下のキハダマグロを加工した節です。関東では「めじ節」、関西では「しび節」とも呼ばれます。甘味があり、上品なうま味が出ます。

そうだ節……マルソウダガツオからつくる節です。味、香りともに濃厚な出汁がとれます。おもに関東で人気があり、そばつゆによく使われます。

さば節……ゴマさばという脂肪の少ないサバを原料とした節です。香りはあっさりしていますが、味、コクはそうだ節に劣らず濃厚です。

❖ 削り節

削り節とは、「節」（カツオ、サバ、マグロなどの魚類の頭や内臓を除いて煮たあと、水分が26％以下になるように煙でいぶして乾燥させたもの）または「枯れ節」を削ったもの、アジ、イワシなどの魚類の「煮干し」、または「圧搾煮干し」を削ったもの、およびそれらを混合したもののことです。

削り節は、家庭で出汁を取るために使われるだけでなく、料理の仕上げや飾りつけにも重宝されています。

削り節は、その削り方によって分類されます。片状に削ったもののうち、厚さ0.2mm以下のものが「薄削り」、厚さ0.2mmを超えるものが「厚削り」です。そして、糸状またはひも状に削ったものが「糸削り」、薄削りを破砕したものが「砕片」です。

もっと知りたい！ 調味料のこと
かつお節の製造工程

鮮度や大きさを見極め、かつおを三枚におろしてから、血合いの中央に包丁を入れ、背と腹に切り分けて、1尾から4本の節を取ります。

きれいなかつお節の形になるよう、整えながら節を並べ、沸騰ギリギリの温度で蒸し煮にします。100度にしないのは、煮ているあいだに形が崩れないようにするためです。煮上がったら、ゆっくり冷まします。こうしてできたものが「なまり節」です。

なまり節を水槽に入れ、1節ずつ、骨やウロコなどを取り除きます。皮は身を保護するために、少し残します。

続いて「焙乾」と呼ばれる作業に移ります。節をせいろに並べ、カシやナラ、クヌギなどの薪でいぶして乾燥させる工程です。これを何度も繰り返したものが「荒節」です。

次に、天日干しした荒節を削ります。専用の小刀を使って形を整えたものを「裸節」と呼びます。江戸時代初期にカビ付け、発酵の技術が生まれるまでのかつお節は、この裸節でした。

裸節を天日で乾燥させ、かつおぶしの発酵に適したカビを噴霧し、高温多湿の部屋「ムロ」に置きます。2週間ほどで発生する青緑色のカビを「一番カビ」と呼びます。ムロから出して天日で干し、1本ずつ軽くカビを落とします。これを再びムロに戻して「二番カビ」「三番カビ」を発生させては乾かす工程が繰り返されます。この作業を経たものが「枯れ節」で、カビ付けを4回程度繰り返し、新たなカビが生えなくなってから、最後に天日でよく乾かしたものが「本枯れ節」です。

出汁の種類〜昆布

　昆布は「うま味」が発見されるきっかけとなったグルタミン酸を豊富に含む、海の藻類（海藻）の一種です。食材として食べてもおいしく、上品でやさしい味わいの出汁がとれる調理料としても活躍。日本の食卓に欠かせない存在といえます。
　昆布は日本各地の沿岸で採られていますが、その中心は日本で採れる昆布の90％以上を占める北海道産のものです。鎌倉時代には北海道の松前を通じて、本州に昆布が運ばれていました。江戸時代の「北前船※」では日本海沿いをぐるりと経由し、瀬戸内海を経て、大阪、京都まで送られました。関西で昆布出汁が好まれるのは、江戸よりも早く普及したからです。

❖ 昆布出汁のおいしさ

　昆布出汁の特徴は、クセのないあっさりとしたうま味です。魚や肉などのクセの強い食材を使った汁物や鍋にとくに合います。

❖ 代表的な出汁用昆布の種類

　ひとくちに「昆布」といっても、産地や種類によってその味わいは多種多様です。昆布の種類を知っておけば、用途に応じて選ぶことができます。出汁によく使われる代表的な昆布と、その加工品を紹介します。

真昆布（まこんぶ）

　おもに函館沿岸ですが、青森県の下北半島、岩手県、宮城県でもとれる高級昆布です。厚みがあり、上品な甘味のある、澄んだ出汁が取れます。素材の味を生かした、お吸い物などに向いています。

利尻昆布（りしりこんぶ）

　利尻島、礼文島、稚内沿岸などで取れる昆布です。真昆布よりはやや固めで、塩味がするのが特徴です。澄んだ、風味のよい出汁が取れるので、京都の会席料理によく使われています。湯豆腐や鍋にも合います。

羅臼昆布（らうすこんぶ）

　知床半島の根室側、羅臼沿岸でのみ取れる昆布で、正式名称は「利尻系エナガオニコンブ」ですが、「羅臼オニコンブ」と

北前船

江戸時代から明治時代にかけ、大阪から下関を経て北海道に至る日本海側で物資を運搬していた海運船。北海道、越中、薩摩、琉球（沖縄）、清（中国）までのルートを「昆布ロード」ということもある。

も呼ばれます。香りがよく、濃厚で風味の強い出汁が取れます。出汁は黄色を帯びた色になるのも特徴。濃い味つけの料理にも向いています。

日高昆布（ひだかこんぶ）

「三石昆布」とも呼ばれます。三石町のある日高地方をおもな産地とする、非常に柔らかく、煮えやすい性質を持つ昆布です。おでんや昆布巻き、佃煮など食べる用途が多いですが、出汁昆布としてもよく使われます。出汁はやや薄めです。

昆布の加工品

昆布茶

乾燥させた昆布を粉末状にし、塩や調味料で味付けしたものです。お湯を注いで飲むのが一般的ですが、調味料として料理の味付けに使うこともできます。お手軽インスタント出汁としても活用。

刻み昆布（糸昆布）

干し昆布を塩水や酢につけてから細切りにし、もう一度乾燥させたものです。野菜と炒めたり、煮物に用いると、料理にうま味を加えることができます。

もっと知りたい！ 調味料のこと

昆布の製造工程

　昆布は水深5〜7メートルほどにある海底の岩に根を張って育ちます。光合成によって成長し、1年かけて成長し、枯れます。すると根元の部分が再び育ち始め、翌年には1年目より厚く、大きく成長します。食用にするのは、おもにこの2年目の昆布です。

　とった昆布はよく洗い、天日で干して、水分を飛ばします。この工程があるので、昆布漁は晴れた日にしかおこなえません。さらに乾燥室などでも乾燥させ、カットして長さや形を整えます。肉厚で、幅が広く、重いものが優先され、1等から4等に格付けしたあと袋詰めにします。選ぶときは、よく乾燥していて、香りがよく、緑褐色の鮮やかなものを選ぶとよいでしょう。また、乾燥した昆布の表面についている白い粉状の物質は、マンニット（マンニトール）という糖類です。昆布出汁においしさを加える成分なので、洗い流さないようにしましょう。

出汁の種類〜煮干し

　煮干しとは、魚介類を加熱し、乾燥させたもののこと。貝柱や桜エビ、ホタルイカといったものも煮干しに加工されますが、出汁を取るために使われるのは、おもに小魚の煮干しです。その代表的なものがカタクチイワシを原料にした「煮干しイワシ」で、出汁をとる煮干しといえば、これを指すのが一般的です。

❖ 煮干しのおいしさ

　ちなみに、かつお節と煮干しからは、どちらも同じうま味成分イノシン酸を豊富に含む出汁が取れます。江戸時代の人々は、経験と舌でそのことを見抜いていたのかもしれません。
　コクのあるしっかりした出汁が取れる煮干しは、明治になると関東でも使われるようになり、かつお節や昆布と並ぶ代表的な出汁素材になりました。また近年では、出汁を取ったあとの煮干しも、カルシウムやミネラルの補給源として注目されています。
　煮干しの出汁は、味噌としょうゆ、野菜との相性が非常によいので、野菜を使った味噌汁や鍋、煮物にとくに向いています。

❖ 煮干しの種類

　出汁取りに使われるカタクチイワシの煮干しには、産地などによって微妙な違いがあります。他の魚の煮干しと合わせ、紹介します。

カタクチイワシ

白口煮干し（しろくちにぼし）
　背の部分が白いカタクチイワシの煮干しをこう呼びます。瀬戸内海沿岸や長崎などの内海でとれるものです。甘味のある出汁が取れます。

青口煮干し（あおくちにぼし）
　背の部分が青い煮干しのことです。太平洋や日本海などの外海で獲れるもので、濃い出汁がとれます。

かえり煮干し
　カタクチイワシの稚魚を原料とした煮干です。じゃこ（しらす）が育ったものを「かえりイワシ」

といいます。かえりイワシの煮干は、成魚であるカタクチイワシよりも脂肪が少なく、魚臭さのない、あっさりとした上品な出汁が取れるのが特徴です。瀬戸内沿岸が代表的な産地で、讃岐うどんのつゆ出汁として使うほか、食材としても人気があります。

マイワシ

平子煮干（ひらごにぼし）

マイワシを原料にした煮干しです。生産量はあまり多くありませんが、カタクチイワシよりもあっさりした出汁が取れます。

ウルメイワシ

うるめ煮干

ウルメイワシを原料とする煮干しです。煮干しイワシ生産の盛んな長崎でおもにつくられています。独特の甘味を持った出汁が取れます。

トビウオ

あご煮干し

「あご」は、トビウオのこと。長崎や福岡でおもに生産されるトビウオの煮干しです。クセがなくすっきりとした上品な味わいの出汁が取れます。煮るのではなく、焼いてから干した「焼きあご」も出汁に使われます。

出汁の種類〜干ししいたけ

　干ししいたけは、生のしいたけを天日または機械を使って乾燥させたものです。原料となるしいたけは、日本でいちばんポピュラーなきのこだといえるでしょう。

❖ 干ししいたけのおいしさ

　干ししいたけのうま味成分といえばグアニル酸ですが、じつは生のしいたけに含まれているグアニル酸はごく微量です。乾燥させてから、上手に水とお湯で戻すと、約10倍ほどに増えるのです。それだけでなく、カルシウムの吸収を高めるビタミンDも生しいたけの8倍になります。

　また、しいたけ特有の芳香成分レンチオニンも増加し、上品な香りになります。干ししいたけは、保存性だけでなく、うま味、香り、健康効果も高めているのです。

❖ 干ししいたけの種類

　干ししいたけに品種の違いはありませんが、収穫時期の違いなどによって大きく3つの種類に分けられています。うま味や香りの差はわずかですが、味わってみて食感や大きさの違いを覚えておけば、料理の幅が広がるでしょう。

　またそれぞれに原木栽培、菌床栽培のものがあります。時間をかけて育った原木栽培のしいたけを使い、天日干しにした干ししいたけがうま味も香りも高く、上等だとされています。

どんこ（冬茹）

　冬の終わりから初春にとれたしいたけを干したもの。カサはほとんど開いておらず、肉厚で丸形をしています。水戻しには少し時間がかかりますが、その分、しっかりした出汁が取れます。噛みごたえ、食感のよさが特徴です。とくに状態のよいものは「花どんこ」と呼ばれます。

香信（こうしん）

　春や秋、気温・湿度が高い時期に採れたもので、生育期間は短めです。カサは大きく、開いています。どんこよりも肉薄ですが、身がなめらかで、他の食材と馴染みやすく、幅広い料理に使われます。

香茹（こうか）

どんこ、香信以外の時期に採れるものです。肉の厚さ、カサの開き具合もちょうど中間です。どんこの食べごたえと香信の見た目の大きさ両方を兼ね備える、万能の干ししいたけといえるでしょう。

知って得する 干ししいたけのつくり方

干ししいたけは、自宅でもつくることができます。しいたけが余ってしまったときなどに試してみてください。

1. 天候のよい日を選び、しいたけを適当な大きさにスライスします。内部まで乾燥しやすい形ならば、どんな切り方でも構いません。
2. 重ならないように、平らな網、またはお皿に並べます。様子を見て、ひっくり返してください。
3. 早ければ数時間か1日で乾燥します。日が落ちてもまだ湿っていたら、いったん室内の通気性のよい場所に置き、翌日また日に当ててください。
4. 密封容器に、乾燥剤と一緒に入れて、完成です。

もっと知りたい！ 調味料のこと

干ししいたけの歴史

第八章 出汁

縄文時代には食材として食べられていたと考えられていますが、干して乾燥させる技術は中国から伝わったようです。やがて僧侶が食べる精進料理に欠かせない出汁素材になりますが、栽培法がなく、自生しているしいたけを採っていたので非常に貴重なものでした。鎌倉時代には、日本産の高品質な干ししいたけが中国に輸出されていた記録も残っています。

本格的な栽培が始まったのは江戸時代ですが、純粋培養したシイタケ菌を植えることができるようになったのは昭和に入ってからです。それまでは、多くの人びとにとって、干ししいたけは、お盆や正月など、特別なときに使う出汁という位置付けだったのです。しかし、生産量が一挙に増えたことで、急速に一般家庭にも広がっていきました。

基本的な出汁の取り方

　天然の素材から取った本物の出汁は、手間がかかる分だけ、できあがりのお料理にひと味もふた味も深みを与えてくれます。

　ふだんは手軽な粉末出汁調味料ですませている人も、出汁の取り方からこだわって料理をしてみると、よりいっそう料理が楽しくなりますよ。

　これまで紹介してきた、かつお節、昆布、煮干し、干ししいたけの基本的な出汁の取り方、知っていると便利な出汁の使いこなし方を紹介します。

◆ かつお出汁の取り方の基本

　かつお出汁は、かつお節の芳醇なうま味や香りを楽しめる、万能の出汁です。

<出汁の取り方>

1. 水1ℓを鍋で沸騰させます。
2. 40gほどの削り節（削ったかつお節）を鍋に入れ、ごく弱火で1分前後煮出します。
3. 火を止め、削り節を布やザルでこしてできあがりです。

　かつお出汁を単独で使う場合は、厚めに削ったもの。お吸い物や煮物には薄く削ったものを使い、昆布出汁を合わせるといいでしょう

◆ 昆布出汁の取り方の基本

　昆布でとった出汁は、上品な香りが特徴です。さっぱりとやさしい口当たりは、素材の味を生かした料理にぴったりです。

<出汁の取り方>

1. 昆布（水1ℓに10〜20g程度）を切ります。
2. 濡らしたふきんを硬くしぼり、昆布の表面をさっとふいて、汚れを取ります（白い粉状のマンニットを落とさないようやさしく。水洗いは避ける）。
3. 鍋に昆布と水を入れ、昆布がしんなりとするまで（30分程度）置いておきます。
4. 鍋を弱火または中火にかけ、沸騰する直前（鍋の底から小さな気泡が上がってきたタイミング）で昆布を取り出せば、できあがりです（沸騰させるとぬめりが出る）。

◆ 一番出汁、二番出汁の取り方

一番出汁

　和食の定番ともいえる、昆布とかつお節でとる上品でクセのない出汁です。お吸い物やうどん、そばなど、汁まで飲む料理に最適だといわれています。

＜出汁の取り方＞

1. 昆布（水1ℓあたり10～20g程度）の表面を、濡らしたふきんを硬くしぼったもので、さっとふきます（白い粉状のマンニットを落とさないようやさしく。水洗いは避ける）。
2. 鍋に水と昆布を入れ、30分程度置いてから弱火または中火にかけ、沸騰する直前に昆布を取り出します。
3. 鍋のお湯をそのまま煮立たせ、かつお節（水1ℓあたり30g程度）を入れます。いったん沸騰が収まります。
4. 再び沸騰したら、すぐに火を止めます。お湯をかき混ぜないように注意しながら、アクをすくって取り除きます。
5. かつお節が自然に鍋の底に沈んだら、お湯をふきんやキッチンペーパーなどでこします。これが一番出汁です。

二番出汁

　一番出汁をとるために使った昆布とかつお節を生かし、もう一度とる出汁のことです。香りは一番出汁に劣りますが、ゆっくり煮出すことで、昆布とかつお節それぞれのうま味成分を多く引き出すことができます。煮物、味噌汁に向いています。

＜出汁の取り方＞

1. 鍋に水（分量は一番出汁のときと同じ）、一番出汁を取った昆布とかつお節を入れ、強火にかけます。
2. 沸騰したらすぐ弱火にして、10分程度煮ます。
3. 新しいかつお節（水1ℓあたり10g程度）を鍋に加えます。これを「追いがつお」といいます。
4. 再び煮立ったらすぐに火を止め、お湯をかき混ぜないよう注意しながら、アクをすくって取り除きます。
5. かつお節が自然に沈むのを待ち、ふきんやキッチンペーパーなどでこせば、二番出汁のできあがりです。

◆ 昆布出汁を手軽に取るワザ～昆布水

　昆布水は、昆布を一晩水に漬けたものです。もちろん万能で手軽な出汁としてさまざまな料理に使えます。

＜材料＞

だし昆布…20g程度

水…1.5ℓ

※昆布をそのまま漬けても、細く切った昆布を漬けても大丈夫です。

＜出汁の取り方＞

1. 出汁用の昆布を用意し、表面を、濡らしたふきんを硬くしぼったもので、さっとふきます（白い粉状のマンニットを落とさないようやさしく。水洗いは避ける）。
   ※1.5ℓのポットを使うなら、昆布は20g程度
2. 昆布を細かく切ります。
3. ポットにミネラルウォーターなどの飲料用の水を注ぎ、昆布を入れます。
4. そのまま冷蔵庫に入れ、一晩漬けておけば、できあがりです。

（保存の目安は、冷蔵庫で1週間程度です。気温の高い時期はできるだけ早めに使い切るようにしましょう）

◆ 煮干し出汁の取り方の基本

　煮干しでとった出汁は、煮干しそのものの強い味わいが特徴です。臭みを消すようにつくられるかつお節と比べ、魚らしい風味をしっかりと味わうことができます。

＜材料（出汁約500ml分）＞

煮干…20g（水の重量の3～4%）

水…600㎖

＜出汁の取り方＞

1. 煮干し（水の重さの3～4%程度）の頭と腹わたを手で取り除きます。これらの部分は、苦味の原因になります。
2. 鍋に煮干しと水に入れ、火にかけ、沸騰させます。
3. 沸騰したら火を弱め、アクを取りながらさらに4～5分煮立てたあと、ふきんやこし器を使って、こせばできあがりです。

◆ 干ししいたけ出汁の取り方の基本

　干ししいたけの出汁（戻し汁）は、それだけでは少々風味が強すぎるかもしれません。ただし、アミノ酸系のうま味成分と相性がいいので、昆布出汁と合わせるとうま味がアップします。また戻したしいたけにももちろん、うま味や有効成分が大量に含まれています。出汁だけでなく、食材としても活用しましょう。

<材料（出汁約500ml分）>
干ししいたけ…4、5個（15g〈水の重量の2〜3%〉）

<出汁の取り方>
1. さっと水洗いして、干ししいたけの汚れを落とします。
2. ボウルや鍋などに水、干ししいたけ（水の重さの2〜3%程度）を入れる。浮き上がってくるときは、落としブタをしてください。
3. 干ししいたけの芯まで柔らかくなるまで（1時間以上）置いて、干ししいたけを取り出したらできあがり。

※時間がある場合は、冷蔵庫に入れて数時間（肉厚のものは1日）かけて出汁を取ると、うま味成分であるグアニル酸をより多く引き出すことができます。また、水の代わりにぬるめのお湯を使ったり、ボウルに砂糖をひとつまみ加えると、干ししいたけの戻る時間は早くなりますが、出汁に含まれるうま味成分は少なくなってしまいます。

もっと知りたい！ 調味料のこと

干ししいたけはもう一度干す！

　干ししいたけに含まれるビタミンDなどの成分や風味は、日光にあてることで増加し、その後徐々に減少していきます。お店で購入した干ししいたけは、戻す前にもう一度日光に当てて干すと、こうした成分をさらに増やすことができます。

<干ししいたけの戻し方>
1. 使う分の干ししいたけのヒダ（カサの裏側）を上に向けて並べ、日光に直接当てます。
2. 30分ほどでも構いませんが、可能ならば1〜2時間待ってから使ってください。湿気っている場合は、完全に乾燥するまで干します。

出汁の種類〜うま味調味料

　うま味調味料は、代表的なうま味成分であるグルタミン酸、イノシン酸、グアニル酸などを、水に溶けやすく使いやすく加工した調味料です。料理にうま味を加えたり、補ったり、また食材本来の味わいを引き出すことで、料理全体の味を調和させるために使われます。

　うま味調味料は日本で発明されました。伝統的な出汁素材だった昆布から、うま味の正体であるグルタミン酸を発見した池田菊苗博士が、これを主成分とした調味料の製造法を開発し、市販したのは1909年のこと。これが世界で最初のうま味調味料です。その後イノシン酸、グアニル酸の調味料も製造できるようになり、世界中の国々に広がります。うま味調味料は、20世紀に生まれた新しい調味料といえるでしょう。

　下ごしらえ、出汁の味わいの調整、味つけ、仕上げ、タレやソース、ドレッシングなど、あらゆる場面で手軽に使えるのが最大の特徴です。

❖ うま味調味料の種類

うま味調味料

　現在市販されているうま味調味料は、グルタミン酸ナトリウム（アミノ酸うま味系成分）を主成分にして、リボヌクレオチドナトリウム（イノシン酸ナトリウムとグアニル酸ナトリウムの混合物。核酸系うま味成分）を少量配合したものが主流になっています。アミノ酸系と核酸系のうま味を組み合わせるのは、うま味の相乗効果を高めるためです。

風味調味料

　うま味調味料に、かつお節や昆布、煮干し、干ししいたけ、貝柱などから抽出したエキスを加え、塩や糖類などで味を調えて、濃縮液や粉末などに加工したものです。「出汁の素」と呼ばれることもあります。

　うま味調味料が使用されているものは、パッケージに「調味料（アミノ酸）」「調味料（核酸）」といった形で、必ず表示されています。

> **うま味調味料の製造法**
> 世界各国でさまざまな農産物を原料としている。サトウキビ、とうもろこしが主流だが、一部の地域ではさとうだいこん、小麦なども使われている。

第九章 現代の調味料

現代の調味料の基本

マヨネーズ
● 国内生産量
21万3319t
(全国マヨネーズ・ドレッシング類協会調べによる会員10社生産量。平成26年)

大さじ1(12g)あたりの
カロリー、食塩相当量

	カロリー	塩分換算量
● 全卵型	84kcal	0.2g
● 卵黄型	80kcal	0.3g

(文部科学省「食品成分データベース」による)

ケチャップ

大さじ1(15g)あたりの
カロリー、食塩相当量

	カロリー	塩分換算量
● ケチャップ	18kcal	0.5g

(文部科学省「食品成分データベース」による)

ソース
● 生産量
3664kℓ(ウスターソース類合計)
(農林水産省「平成20年度ソース類生産実績調査」より)

大さじ1(18g)あたりの
カロリー、食塩相当量

	カロリー	塩分換算量
● 中濃ソース	24kcal	1.0g
● 濃厚ソース	24kcal	1.0g
● ウスターソース	21kcal	1.5g

(文部科学省「食品成分データベース」による)

マヨネーズとは

マヨネーズは植物油、卵、酢、食塩を基本につくられる半固体状の調味料です。海外生まれのごく新しい調味料にもかかわらず、いまや日本の食卓に欠かせない定番調味料です。

❖ マヨネーズの健康効果

生野菜とマヨネーズの組み合わせは、味だけでなく、健康面でも優れています。

野菜に含まれる栄養素のなかには、水には溶けず、油に溶ける（脂溶性）ものが多数存在します。脂溶性の栄養素は、油に溶け出すことにより、吸収力が高まります。油脂を多く含むマヨネーズをかけると、野菜に含まれるこれらの栄養素の吸収を促進する効果があるのです。

野菜に含まれるおもな脂溶性栄養素は、以下の通りです。

栄養素	効果
βカロテン	ニンジンの赤橙色の色素で、抗酸化作用があり、体内では必要に応じてビタミンA（皮膚、粘膜、眼の網膜の健康維持）に変化する。
ルテイン	緑黄色野菜や果物に含まれる黄色の色素で、抗酸化作用があり、おもに目の健康維持に役立つ。
リコピン	トマトを赤色くする色素で、抗酸化作用があり、細胞の健康維持を助ける。生活習慣病予防、美肌効果なども期待されている。
ビタミンE	抗酸化作用がある。
ビタミンD ビタミンK	骨の形成を助ける。

知って得する マヨネーズのつくり方

＜材料＞（すべて常温）
卵黄…1個　マスタード…小さじ1　塩…少々　こしょう…少々
白ワインビネガー…大さじ1（酢やレモン汁でも可）　サラダ油…150cc

＜つくり方＞
1. ボウルに卵黄、マスタード、塩、こしょうを入れ、泡だて器でよく混ぜる
2. 1に少しずつサラダ油を、糸を垂らすように少量ずつ入れながら混ぜる
3. サラダ油を半分程度加えたところで、固くなってきたことを確認し、白ワインビネガーを加え、さらに混ぜ合わせる
4. 残ったサラダ油を少しずつ加え、好みの固さになったらできあがり

❖ マヨネーズの種類

卵黄型

　日本のマヨネーズは、卵白を除いた黄身部分だけを使ったものが主流で、「卵黄型」と呼ばれています。全卵を用いたものに比べ、コクがあり、しっかりとしたうま味を持つのが特徴です。ヨーロッパも卵黄型が多いですが、日本のものは菜種油のようなクセの少ない植物油や米酢などを原料に使っており、日本人の舌に合わせた味わいになっています。

全卵型

　白身と黄身をまるごと使う全卵型は、アメリカに多いマヨネーズです。クリーミーな食感とすっきりした味わいが特徴です。カロリーは卵黄型より、若干高めです。

マヨネーズタイプ調味料

　日本のJAS法では、「マヨネーズ」と表記できる製品について、原材料や食用植物油脂の重量割合（65％以上）を厳しく規定しています。近年注目されているカロリーカットの商品や、アレルギーに配慮した卵を使わないもの、独自の風味付けをしたものなどは、この定義には含まれないので「マヨネーズタイプ調味料」または「マヨネーズ風調味料」と呼ばれます。ただし、見た目はほとんど変わりません。

マヨネーズでつくるソース・ドレッシング

マヨネーズを使ってつくるソースとドレッシングのうち、代表的なものを紹介します。

タルタルソース ： エビフライやフィッシュ＆チップスと

＜材料＞
ゆで卵のみじん切り…1/2個
玉ねぎのみじん切り…大さじ1
マヨネーズ…大さじ4
塩…適量
こしょう…適量
ピクルスのみじん切り…少々
＜つくり方＞
すべての材料を混ぜ合わせる

オーロラソース ： 魚介類にからめて

＜材料＞
マヨネーズ…大さじ3
トマトケチャップ…大さじ3
こしょう…少々
＜つくり方＞
すべての材料を混ぜ合わせる

クリーミードレッシング ： サラダの野菜にとろりとからむ

＜材料＞
マヨネーズ…大さじ4
牛乳…大さじ1
＜つくり方＞
マヨネーズと牛乳を混ぜ合わせる

その他のソース・ドレッシング

名称	材料	つくり方
レモンマヨネーズドレッシング	マヨネーズ…大さじ3 レモン汁…大さじ2 粒マスタード…小さじ2 砂糖…小さじ1/2 塩…小さじ1/2 サラダ油…大さじ1	すべての材料を混ぜ合わせる
マスタードマヨネーズ	マヨネーズ…大さじ2 マスタード…小さじ1	すべての材料を混ぜ合わせる
明太子マヨネーズディップ	明太子…2cm マヨネーズ…大さじ5 粉チーズ…大さじ1	すべての材料を混ぜ合わせる

もっと知りたい！ 調味料のこと
マヨネーズの意外な利用法

チャーハンをパラパラっと仕上げる……チャーハンを炒めるとき、油の代わりにマヨネーズを使うと、米粒がくっつかず、パラパラっとした本格的な仕上がりになります。これは卵黄の成分と、乳化された植物油が、米の粒をコーティングするためです。

ひき肉料理をジューシーにする……ひき肉をこねるときにマヨネーズを加える（肉の重さの5％程度）と加熱調理したあと、ふんわりジューシーに仕上がります。乳化された植物油が、たんぱく質が加熱によって結合するのをやわらげるためです。この効果は、ハンバーグやロールキャベツ、焼き餃子などに使えます。

天ぷらやかき揚げをカラッと揚げる……天ぷらやかき揚げをつくるとき、衣に使う卵をマヨネーズに代えると、カラッと揚げることができます。マヨネーズを使うと、乳化された植物油が衣内部に分散し、衣のなかの水分をまでしっかり揚げることができ、水分が残らないのです。卵の代わりに冷水で少量のマヨネーズを溶かしてください。

第九章　現代の調味料

ケチャップとは

日本の洋風メニューで大活躍する調味料、ケチャップ。トマトの濃厚なうま味と酸味、そしてほのかな甘味、さらに配合された香辛料と塩が合わさったバランスのとれたその味わいは、子どもから大人まで多くの人びとに愛されています。

❖ ケチャップの健康効果

ケチャップの主原料は、完熟したトマトです。トマトはうま味成分グルタミン酸を豊富に含んでいるので、ヨーロッパでは料理のベースとして使われてきました。

また、その栄養価の高さもよく知られています。そのなかでもとくに注目されているのは、トマトに非常に多く含まれる「リコピン」です。強い抗酸化作用を持つカロテノイドと呼ばれる色素の1つで、トマトの赤さはこのリコピンの色です。リコピンにはさまざまな生活習慣病の予防効果、美肌効果があると考えられており、現在さまざまな研究成果が報告されています。

リコピンは赤い色素ですから、その含有量はトマトが赤くなる(完熟に近づく)ほど多くなります。ケチャップの原料に使われるトマトはとくに赤さの強い品種なので、生食用のトマトに比べ、その含有量は2倍以上ともいわれています。

ケチャップに含まれるリコピンをたくさん吸収するためには、油と一緒に摂るのが効果的です。リコピンは水に溶けづらく、油に溶ける性質(脂溶性)を持っているためです。しかも熱に強いので、炒めたり煮込んだりしても成分はほとんど減少しません。

❖ ケチャップの調理効果

◈ 肉や魚の臭みを消す

ケチャップにはシトラールという芳香成分が含まれています。この物質には肉や魚の臭みを抑える効果があります。下ごしらえに使うと効果的です。

◈ 肉や魚を柔らかくする

トマトのクエン酸(酸味の成分)やケチャップに配合されている酢には、長時間加熱されると、たんぱく質を分解する働きがあります。つまり、肉や魚をじっくり煮込む料理にケチャップを使うと、食材が柔らかくなります。

◈ 万能出汁として

ケチャップの主成分であるトマトはアミノ酸系のうま味成分グルタミン酸を大量に含んでいます。スープや鍋、味噌汁のうま味が足りないときは、ほんの少し加えるとうま味を足すことができます。

❖ ケチャップの種類（トマトを使った加工調味料）

ケチャップ　トマトを裏ごししたものを煮込み、砂糖と酢で保存を高め、塩、香辛料、タマネギなどで味を調えた調味料です。その他、メーカーや製品によってそれぞれ工夫された調合の違いがあります。日本ではケチャップといえば、こうしたトマトケチャップを指します。

トマトピューレ　ピューレとはフランス語のpuree（ピュレ、裏ごしすること）から来た言葉で、トマトを裏ごしして煮詰めたものです。水気が飛ぶまで煮込んだ濃厚な100％トマトジュースだと思えばわかりやすいかもしれません。生のトマトが持つフレッシュさが残っているので、スープやパスタソース、ピザソースに用います。

トマトペースト　トマトピューレをさらに煮詰め、濃縮したものです。うま味とコクが増しており、煮込み料理に使います。

第九章　現代の調味料

ケチャップでつくるソース

ケチャップを使ってつくるソースのうち、代表的なものを紹介します。

BBQソース   コクのある味を自宅で再現

<材料>
トマトケチャップ…大さじ2
ソース…大さじ2
はちみつ…大さじ1/2
ガーリックパウダー…ひとふり
<つくり方>
すべての材料を混ぜ合わせる

サルサソース   チキンソテーに乗せればぐっと華やか

<材料>
玉ねぎみじん切り…1/4個
トマトケチャップ…大さじ1と1/2
レモン汁…小さじ1
タバスコ…適量
ハラペーニョ…適量
<つくり方>
すべての材料を混ぜ合わせる

チリソース   エビや鶏肉との相性◎

<材料>
中華スープ…1/2カップ
トマトケチャップ…大さじ2
豆板醤…大さじ1/2
酒…大さじ1
砂糖…小さじ1
おろしにんにく…適量
おろししょうが…適量
酢…大さじ1
<つくり方>
すべての材料を混ぜ合わせる

トマトソース   さまざまな応用がきく基本のソース

<材料>
ケチャップ…1カップ
ウスターソース…大さじ2
玉ねぎ…1/2個
オリーブオイル…大さじ1/2
こしょう…適量
バジル…適量
<つくり方>
1. フライパンにオリーブオイルをひき、玉ねぎがしんなりするまで炒める
2. 1にケチャップとウスターソースとこしょうとバジルを入れ、くつくつしてきたら完成

その他のソース・ドレッシング

名称	材料	つくり方
ポークチャップのタレ	砂糖…大さじ2 ケチャップ…大さじ5 濃厚ソース…大さじ1 しょうゆ…大さじ1	すべての材料を混ぜ合わせる
酢豚タレ	砂糖…大さじ2 ケチャップ…大さじ1と1/2 酢…大さじ1 しょうゆ…大さじ1/2 中華だし…小さじ1/2 片栗粉…小さじ1/2 水…大さじ1	すべての材料を混ぜ合わせる
サウザンアイランドドレッシング	ケチャップ…大さじ1 マヨネーズ…大さじ1 酢…小さじ1 砂糖…小さじ1 塩…適量 こしょう…適量	すべての材料を混ぜ合わせる

もっと知りたい！ 調味料のこと
ケチャップの塩分量

　ケチャップの味といえば、「濃厚な酸味と塩味」というイメージがありますが、実はケチャップに含まれる塩分量は意外なほど少ないです。市販している一般的なもので、100gあたりに3.1〜3.8gほどといわれています。

　これはトマト果実に由来するカリウムやさまざまな酸が感じさせる、塩味に似た味わいが要因です。

　ケチャップライスをつくるときなど、味つけにケチャップを使うのならば、塩を使わなくても十分な塩味を感じることができます。日々の料理に上手にケチャップを使えば、自然と減塩効果を得られるということですね。

第九章　現代の調味料

ソースとは

　ソースは本来、液体やペースト状になった調味料の総称で、料理に味わいを添えるものです。ラテン語で「塩」を意味するsal（サル）が語源だといわれ、sauce（ソース）となりました。ちなみにsalt（塩）も同じ言葉から来ています。この定義通り、世界には原料、製法などによって多種多彩なソースが存在します。
　日本では「ソース」といえば、ウスターソースが一般的でしょう。

❖ ソースの種類

原材料、製法、風味もさまざまですが、大きく5つの種類に分けて解説しましょう。

 ウスターと濃厚の中間ぐらいのとろみ（粘度0.2パスカル秒以上1.5パスカル秒未満）がついたソースです。ピリッとした辛さと柔らかい甘みを兼ね備えたバランスのよい味わい。関東地方に多く、卓上の他、調理の際の下ごしらえなどにも使えます。

濃厚ソース　強いとろみ（粘度1.5パスカル秒以上）と甘味を持つソースです。野菜に加えて、果実を多めに使い、沈殿しやすい成分を溶け込ませるので、食物繊維が多くなっています。「とんかつソース」と呼ばれることもあるように、揚げ物によく合います。

ウスターソース 基本のソースです。他のソースに比べて粘度が低く（粘度0.2パスカル秒未満）、サラっとしているのは、野菜や果実の食物繊維をろ過する工程があるためです。しっかりとした辛口。卓上での味つけによく使われますが、料理に風味を与える隠し味にも。

お好みソース お好み焼きに使うための業務用ソースとして広島県で誕生したのが発祥だといわれています。熟成の過程で沈殿しやすいオリを溶け込ませ、お好み焼きにからみやすいとろみを実現しているのが特徴です。酸味や塩味は控えめ。全国的にお好み焼きが食べられるようになり、多くのメーカーが製品化するようになりました。

焼きそばソース 中華料理だった焼きそばをソースで炒める「ソース焼きそば」は、日本で生まれ、発展した独自の料理です。ウスターソースのうま味成分を強くしているものが多く、コクや酸味、香りも、焼いた麺とからまったときに真価を発揮するよう、さまざまに工夫されています。

もっと知りたい！ 調味料のこと
ソースの原材料

　いわゆる調味料としての「ソース」は、「野菜・果実類に糖類、食酢、食塩等の調味料類、それに香辛料を加えて調整した茶色または黒茶色の液体調味料」と定義されます。
　野菜なら玉ねぎ、トマト、ニンジン、セロリ、果実ならりんごがもっとも一般的に用いられます。
　また、香辛料はふつう10数種類を組み合わせて使用され、その組み合わせと配合の割合によって、ソースに個性が生まれます。
　その他に、ソースの品質を上げたり、味に深みを持たせたりするために、でんぷん、しょうゆなどの調味料、甘味料などが使用されることがあります。

第九章　現代の調味料

地方によるソースの違い

2013年に一般社団法人日本ソース工業会が1600人（全国8地域の男女各100名）に対しておこなった調査によると、自宅に常備しているソースの種類には、地域差があるという結果が出ました。

もっとも多くの家庭が常備していたソースは、地方ごとに以下のようになります。

濃厚　中国地方は お好みソース エリア

「広島風お好み焼き」に代表されるように、お好み焼き文化が根付いている中国地方では、お好みソースが一般的です。ちなみにウスターソースを常備している家庭との差は僅差でした。

中濃　北海道・東北・関東地方は 中濃ソース エリア

これらの地方では、調理用・卓上用にと家庭での使い勝手がいい中濃ソースが人気です。

近畿・中国・四国・九州地方では、中濃ソースを常備している家庭はいずれも4分の1以下という結果でした。

ウスター　中部・近畿・四国・九州地方は ウスターソース エリア

中部地方では中濃ソース、近畿地方ではとんかつソースとの併用が目立つようです。

北海道・東北・関東地方では、ウスターソースを常備している家庭はいずれも50％以下という結果でした。

ソースでつくるソース

ソースを使ってつくるソースのうち、代表的なものを紹介します。

デミグラス風ソース

洋風ソースの王道

<材料>
バター…小さじ1/2
玉ねぎ…1/2個
中濃ソース…大さじ4
トマトケチャップ…大さじ4
赤ワイン…大さじ2

<つくり方>
1.玉ねぎを薄切りにしてバターで炒める
2.そこへすべての材料を入れて混ぜ合わせ、中火で軽く煮立てる

グレイビーソース

ローストビーフに添えて

<材料>
肉汁（調理途中で出たもの）…適宜
赤ワイン…大さじ2
酢…大さじ1
ウスターソース…大さじ1
砂糖…小さじ2

<つくり方>
材料をすべて混ぜ合わせて、ひと煮立ちさせる

オムレツソース

とろ～り卵とよくからむ

<材料>
濃厚ソース…大さじ3
プレーンヨーグルト…大さじ1

<つくり方>
とんかつソースとプレーンヨーグルトを混ぜ合わせる

コリアンソース

サンドウィッチに挟めばアクセントに

<材料>
お好みソース…大さじ3
豆板醤…小さじ1/2
すりごま…小さじ1

<つくり方>
すべての材料を混ぜ合わせる

第九章　現代の調味料

> 調味料
> トピックス

◆ 現代の調味料編 ◆

バナナケチャップとは？

　ケチャップは野菜や果物、きのこなどを塩や香辛料で味つけして煮込んだ調味料全般を指す言葉でした。日本ではケチャップが登場した当時から、ほぼ100％トマトケチャップだけですが、海外にはいまもまだトマトケチャップ以外のケチャップもつくられています。

　そのひとつがフィリピンでポピュラーな存在の「バナナケチャップ」でしょう。スーパーなどでトマトケチャップと並んでごく普通に売られる、定番調味料です。

　トマトが高価だった時代に、この地では手に入りやすかったバナナを使ってケチャップを製造するようになったのが始まりだといわれています。トマトケチャップが広く普及してからも、その根強い人気は健在で、レストランのレシピにもよく使われているほどです。

　バナナケチャップの主原料はもちろんバナナです。ところがケチャップの色は黄色ではなく、着色料によって赤くなっています。味もバナナの風味はほとんどなく、酸味が控えめで、甘味が強く、独特の香辛料がきいたトマトケチャップという感じです。

　用途としてはスパゲッティのソースとして使うのがもっとも定番。それ以外にも、ホットドックやポテトなど、トマトケチャップとほぼ同じ場面で使われるようです。現在でもフィリピンでは、トマトケチャップと同じくらい広く親しまれているのです。

　その他、カナダのケベック州周辺にはりんごなどの果物を使ったフルーツケチャップ、イギリスには伝統的なきのこケチャップがあります。どちらもミートパイなどに欠かせない調味料として受け継がれている味です。

第十章 香辛料

香辛料の基本

唐辛子
小さじ1（2g）あたりの
カロリー、食塩相当量

　　　　　　　カロリー　塩分換算量
● 唐辛子(粉)　8kcal　　0.0g

（文部科学省「食品成分データベース」による）

こしょう
小さじ1（2g）あたりの
カロリー、食塩相当量

　　　　　　　カロリー　塩分換算量
● 白こしょう(粉)　8kcal　　0.0g

● 黒こしょう(粉)　7kcal　　0.0g

（文部科学省「食品成分データベース」による）

わさび
小さじ1（6g）あたりの
カロリー、食塩相当量

　　　　　　　カロリー　塩分換算量
● わさび(練り)　16kcal　　0.4g

（文部科学省「食品成分データベース」による）

山椒
小さじ1（2g）あたりの
カロリー、食塩相当量

　　　　　　　カロリー　塩分換算量
● 山椒(粉)　8kcal　　0.0g

（年間消費量、カロリー、栄養、特徴・効果、保存法など）

唐辛子とは

　唐辛子は、ピーマンやシシトウ、パプリカと同じナス科トウガラシ属の植物です。乾燥させたものが多く使われます。原産地は中南米で、数千年前にはメキシコ周辺で利用・栽培されるようになり、15世紀にコロンブスによってヨーロッパに持ち帰られました。コロンブスが自分が辿り着いた場所をインドだと思い込んでいたというのは有名な話（もちろん実際はアメリカ大陸）ですが、彼は唐辛子も「インドのこしょう」として紹介してしまいました。唐辛子を英語でred pepper（レッドペッパー。赤いこしょう）と呼んだり、九州に唐辛子をこしょうと呼ぶ習慣が残っているのは、このためだといわれています。

　日本に伝わった時期には諸説あり、唐辛子のことを「南蛮こしょう」と呼んだことからポルトガル人が伝えたとする説と、「高麗こしょう」とも呼んだことから豊臣秀吉の朝鮮出兵がきっかけという説がよく知られています。いずれにしても16世紀から17世紀ごろだと考えられます。

　アジアや中東、アフリカの一部の国々では、強烈な刺激を持つ唐辛子は大人気を集め、食文化そのものを一変させるほど愛用されるようになりました。日本ではあくまでも調味料のひとつという位置づけでしたが、「一味唐辛子」「七味唐辛子」など、さまざまな調味料に欠かせない香辛料として親しまれ続けています。

❖ 唐辛子の調理効果

　唐辛子の特徴といえば、辛み。これは唐辛子の豊富に含まれるカプサイシンと呼ばれる辛み成分によるものです。じつはカプサイシンにはいくつかの種類があり、唐辛子の品種によってそれぞれ含まれる比率が異なっています。これが辛さの程度や味わいに違いになるのです。カプサイシンにはいくつかの効果があります。カプサイシンの成分は加熱でほとんど変化しないので、唐辛子を使ったさまざまな料理に同じ効果が期待できます。

　また、日本では唐辛子を大量に食べることはあまりありませんが、ビタミンA、ビタミンB2、ビタミンE、鉄分、カリウムも豊富に含まれている健康食材でもあります。

◆ 代謝促進・脂肪燃焼効果

　カプサイシンには体温を上げる効果があり、発汗が促進され、身体の新陳代謝がよくなります。脂肪も燃焼させる効果があります。

◆ 食欲増進効果

　カプサイシンは胃を刺激し、食欲を増進させ、食後の爽快感を感じさせます。熱帯地域、亜熱帯地域に唐辛子を好むエリアが多いのは、このためだといわれています。近年では、日本でも激辛料理を好む人が増えてきました。

🔶 塩分を減らす効果

　塩分を控えた料理は物足りなさを感じることがよくあります。しかしカプサイシンの辛み成分によって、それを補い、塩を控えることができます。

❖ 唐辛子の種類

　現在、世界に数千種類存在するといわれる唐辛子。分類も国によって異なりますが、日本で辛み付けに使われる代表的な品種を紹介します。

　辛みが強く、長さ2〜5cmほどの唐辛子です。形状が鷹の爪に似ているところから、こう呼ばれます。日本ではもっともポピュラーで、乾燥させたものはカプサイシンを非常に多く含みます。

　房のようにたくさん、上向きに直立して実る唐辛子です。辛みはマイルドで、ミネラルやビタミンを豊富に含みます。キムチに使われる唐辛子です。

　鷹の爪を改良した、5〜8cmの細長い唐辛子。代表的な香川県の「香川本鷹」は輸入品の増加で生産量が減り、一時は「幻のとうがらし」と呼ばれましたが、近年再びつくられるようになりました。非常に辛いのが特徴です。「本鷹」と「八房」を交配させた「三鷹」という品種もあります。

　おもにメキシコのユカタン半島が産地の赤唐辛子です。赤みを帯びたオレンジ色の実で、チリソースなどの材料として用いられます。非常に辛いことで知られ、「スコヴィル値」と呼ばれる単位で計ると、鷹の爪の約6倍の辛さを持つとされています。

❖ 唐辛子ベースの調味料

　乾燥させた唐辛子は、粉、輪切り、糸切りといった形に加工され、さまざまな料理に用いられています。また他の香辛料や食材とブレンドした調味料、発酵させたものも数多くあります。代表的なものを紹介しましょう。

一味唐辛子

　乾燥させた唐辛子を粉砕した、日本の代表的な唐辛子調味料です。パウダー状のもの、あらびき状にしたものなどもつくられています。

　さまざまな材料を混ぜ合わせる七味唐辛子と違って、唐辛子の持つ辛さをそのまま味わうことができます。

七味唐辛子

　江戸時代に生まれた伝統的なミックススパイスです。生唐辛子と焼いた唐辛子を混ぜ、さらに山椒、ごま、ケシの実、麻の実、陳皮、しその実、菜種、のりなどから7種類前後を選んで、ミックスしています。

　配合の内容や比率は製品によって違いますが、関東は唐辛子が多く、関西では山椒を強くする傾向があるようです。おもに、うどんやそば、丼物、鍋などを食べる際の卓上用調味料として使われます。

チリパウダー

　メキシコ生まれのミックススパイス。唐辛子にクミン、オレガノ、ガーリックなど、数種類の香辛料をブレンドしたものです。肉料理の下ごしらえによく用いられ、メキシコ料理、スペイン料理には欠かせない存在になっています。

かんずり

　新潟県で伝統的につくられている調味料。塩漬けにした唐辛子を雪にさらしてアクを抜き、米麹、柚子、塩を合わせて、長期間発酵、熟成させたものです。上品でマイルドな辛みと深みのある味わいが特徴で、鍋料理、つゆやタレなどの他、料理の隠し味にも使えます。

柚子こしょう

九州と四国（徳島県、高知県）で親しまれてきた調味料です。粗く刻んだ唐辛子に、柚子の皮、塩を加えてすりつぶし、ペースト状にしたものを熟成させてつくります。唐辛子をこしょうと呼ぶのは、九州に残る方言です。鍋料理や汁物、その他さまざまな料理の薬味として使います。

一般的な柚子こしょうは青唐辛子と青い柚子を使うので鮮やかな緑色をしていますが、赤唐辛子と黄色の柚子を使ったものもあり、朱色をしています。

ラー油（辣油）

辣油は、粉末にした唐辛子の辛みと色をゴマ油に移した液体調味料です。日本ではおもに餃子に使われてきました。近年、山椒や生姜、にんにく、ねぎなどをブレンドしたラー油が人気を集めるようになり、辛みを抑えたり、うま味や風味を工夫したさまざまな「食べるラー油」も登場しています。

ラー油は、家庭でも意外と簡単につくることができます。つくり方はさまざまですが、たとえば、粉末唐辛子などを葱姜水（長ねぎと生姜を水のなかでもんでつくるもの）でこね合わせておきます。そこへ、高温に熱したサラダ油を少しずつかけながら混ぜ合わせたものを冷ましてつくる方法などがあります。

知って得する　自家製七味唐辛子のつくり方

＜材料＞

陳皮（みかんの皮）…1個分	粉山椒…大さじ1
粉唐辛子…大さじ1	青じそ…大さじ1
黒いりごま…大さじ1	ケシの実…大さじ1
白いりごま…大さじ1	青のり…小さじ1

＜作り方＞

1. みかんの皮は、よく洗い、1週間ほど天日干しするか電子レンジで3分ほど加熱する
2. 1を細かくくだいてミキサーにかけ、粉状にする
3. すべての材料を混ぜ合わせ、密閉容器に入れる

第十章　香辛料

こしょうとは

　こしょうはインドを原産地とする熱帯性の植物の実です。高さ5m以上になるつる性の木に、50個ほどの房で実ります。こしょうの四大産地といわれるのはインド、マレーシア、インドネシア、ブラジル。その他、ベトナムでも育てられていますが、日本ではほとんど栽培されてきませんでした。ちなみにブラジルのこしょう栽培は日本からの移民が始めたのが最初です。

　古代インドからヨーロッパに伝わったこしょうは「スパイスの王様」と呼ばれ、王族、貴族たちのあいだで珍重されました。しかしヨーロッパでは気候が合わず、栽培することができません。そのため中世のヨーロッパでは金1オンス（30g）と同じ重量のこしょうが交換されていたといわれています。大航海時代の航海のおもな目的の1つも、こしょうの獲得でした。

　彼らがこれほどこしょうを求めた理由は、こしょうに多く含まれる「ピペリン※」という成分に抗菌、防腐効果があったからだと考えられています。冷蔵庫のない時代、食材の殺菌や保存にこしょうは重要な役割を担っていました。そしてその刺激や独特の味わいにも魅せられるようになったのでしょう。

　日本にも伝わってきたのは8世紀のころ。正倉院にシナモン、クローブとともに納められていたことがわかっています。当時は薬として用いられていました。調味料として使われるようになったのは江戸時代の初めのころ。オランダからの貿易品として入ってきたようです。七味唐辛子が登場するまでは、うどんの薬味だったともいわれています。

❖ こしょうの調理・健康効果

　こしょうには味つけ、香りや刺激、風味を加える以外にも、さまざまな調理効果、健康効果があります。

◆ 肉、魚などの臭い消し

こしょうの香りには肉や魚の臭みを消し、雑菌などの繁殖を抑える効果があります。

◆ 塩味を補う

料理に辛みを持たせることで、塩味の弱い料理の物足りなさを補います。

◆ 漢方の生薬

こしょうは、漢方医学では生薬として扱われます。おもな効能としては、消化不良の改善、冷えによる腹痛、嘔吐、下痢の緩和とされています。

ピペリン

コショウ科の植物に含まれる辛み成分のこと。エネルギーの代謝を上げる作用や、血管を拡張して血流を上げ、冷えを改善する作用をのほか、抗菌作用、防腐作用、殺虫作用なども。とくに黒こしょうに多く含まれている。

❖ こしょうの種類

こしょうの実は未熟なうちは緑色をしており、完熟すると赤色に変わります。白、黒、青のこしょうはこの経過を利用したものです。その違いと、それ以外のこしょうについて解説します。

完全に熟した赤いこしょうの実の皮を取り除き、乾燥させたものです。皮は水に浸して柔らかくしてから取り、天日で乾燥させます。辛みはおだやかで、上品な香りが特徴です。白身魚、鶏肉に合うとされます。またホワイトソースやホワイトシチュー、ポタージュの色を生かしたいときにも用います。

熟し切っていないこしょうの実を使います。色づき始める直前の緑の実をとり、皮ごと天日乾燥させたものです。乾燥させるときに内部の水分が抜け、皮の表面のしわが寄ります。白こしょうに比べ、ピリッとした辛みが強く、野生的な香りがあります。クセのある食材や、味の濃い料理に適しています。肉料理によく使われ、とくに牛肉を焼くときの下ごしらえには欠かせない存在になっています。

色付く寸前の緑の実を収穫し、そのままの色になるように加工したものです。以前は塩漬けにするしかありませんでしたが、現在では、温水で処理したあと、フリーズドライ乾燥することが可能になりました。辛み、香りともにフレッシュで、カラフルな色合いも特徴です。色みを生かしたトッピングなどに使われます。

赤こしょうと呼ばれる製品には、定義がありません。赤く完熟したこしょうの実を塩漬けにしたものもありますが、コショウボクというペルー原産の植物の実や西洋ナナカマドの実も、こう呼ばれています。

沖縄の八重山諸島で育つコショウ科のヒバツという植物の実を使った沖縄特有のこしょうです。消化を促進する効果が高いといわれています。八重山そばなど、沖縄料理によく使われます。

わさびとは

わさびは日本原産の植物で、鼻に抜けるようなツンという独特の刺激と、フレッシュな香りが特徴の香辛料です。

本わさびには、渓流や湧き水を利用したわさび田で育てる「水わさび」と陸上で育てる「畑わさび」があります。水わさびのほうが品質的に優れているとされます。

❖ わさびの特徴

わさびをすりおろすと、細胞が壊れ、その成分であるシニグリンが酸素に触れます。このときミロシナーゼという酵素が働き、シニグリンはアリルイソチオシアネートという物質に変化します。これがわさびの辛味成分で、唐辛子の辛味成分カプサイシンとはまったく違うものです。アリルイソチオシアネートを効果的に発生させるには、酸素にたくさん触れさせる必要があります。わさびを刻むのではなく、すりおろすのは、そのためです。

また、この辛味成分発生に関わる酵素ミロシナーゼは、わさびの根茎（茎が地中に入り込んだもの。わさびの本体部分）の表面に多いので、この部分がもっとも辛くなります。わさびは、土中にこの辛味物質を分泌することで、他の植物の根が自分の近くで成長するのを妨げていると考えられています。

しかしアリルイソチオシアネートの分泌が増えすぎると、自分自身の成長も妨害してしまうので、自然のままでは大きく育ちません。そのため、きれいな流水の近くで栽培されることが多く、大量生産が難しいのです。

❖ わさびの調理・健康効果

❖ 抗菌効果

わさびの辛味成分アリルイソチオシアネートは強い抗菌力、対カビ力を持ちます。雑菌の繁殖を防ぎ、食中毒などを防ぎます。

❖ 消臭作用

アリルイソチオシアネートは魚の生臭さを分解する効果があります。わさびが刺身や寿司に使われるのはそのためです。揮発しやすい性質を持っているので、すりおろした直後に使うのが効果的です。

> **アリルイソチオシアネート**
> わさび、辛子、大根などアブラナ科の植物に含まれる辛味精油成分。植物に直接は含まれず配糖体（シニグリン）として存在し、すりおろすなどして酸素に触れると酵素ミロシナーゼの影響で生成する。

食欲増進作用

わさびには非常に多くの香り成分が含まれていることがわかっています。特有の刺激と、複雑でさやわかな香りが、食欲を増進させます。

がん予防効果

がん予防効果について、さまざまな研究が進められています。わさびに含まれるシニグリン、辛味成分アリルイソチオシアネートにはがん細胞を死滅させる働きがあると考えられています。

わさびの種類

本わさびと西洋わさびは、まったく別種の植物です。辛味成分はほぼ同じですが、香りが異なっており、またすりおろしたときの色も、本わさびは緑で、西洋わさびは白になります。

アブラナ科ワサビ属。日本原産の多年草植物です。湧き水の豊富な山、清流の流れる渓流地域で栽培される水わさび、湿気の多い涼しい土地の畑で栽培される畑わさびがあります。大半は水わさびで、日本でも限られた場所でしか栽培できないため、長野県、静岡県が生産全体の9割を占めます。

いわゆる「わさび」と呼ばれるのは根茎のこと。それ以外にも、花わさびや葉わさびも食用になります。

花わさび……花を咲かせる前のつぼみを収穫したもので、2月から3月が旬です。わさびらしい爽快な辛みと、独特の苦味があります（写真）。

葉わさび……わさびの根茎の先から伸びてくる若い葉を収穫したもの。冬から春にかけて出荷されます。葉もわさびの辛みと風味を持っています。

アブラナ科トモシリソウ属。東ヨーロッパ原産の多年性植物です。

ヨーロッパでは、ローストビーフの付け合わせ、ソースの具材として使われています。辛味の成分は本わさびと同じですが、含有量が多く、粉わさびや練りわさびといった加工製品の原料として使われるようになりました。

日本では長く本わさびの代用品として使われてきましたが、もともと別種の植物なので、風味、香り成分は異なっています。最近では両者を区別して使い分けることが多くなってきました。練りわさびにも、本わさびを使用することが増えています。

山椒とは

　小さな粒なのにピリッと利いて、舌を快くしびれさせる独特の辛みと芳香を持つ山椒。日本原産の植物で、縄文時代の遺跡からも食用にしていた痕跡が見つかっており、日本最古の香辛料だとも考えられています。古くは「ハジカミ」とも呼ばれ、『古事記』にも登場します。英語名はJapanese pepper（ジャパニーズ・ペッパー）。

　日本各地に自生している山椒は、人々にとって身近な香辛料であり、薬味でした。よく知られているのは、山椒の実とそれを粉砕した粉山椒でしょう。利用されているのは実だけではありません。山椒は、春に出る若芽、葉、花、枝の皮まで食用になっています。幹は非常に堅く、こちらは食べませんが、上等なすりこぎの材料になります。

　山椒と似たものに花椒（かしょう、ホアジャオ）があります。こちらは中国原産で、山椒と同じミカン科サンショウ属ですが、カホクザンショウという別種。花椒は実を利用します。

❖ 山椒の調理効果

　山椒の辛みはサンショオールという成分によるものです。サンショオールは青山椒（完熟していない未熟な実）にもっとも多く含まれています。舌に鋭い刺激を与え、麻酔と似た作用を発揮します。青山椒を食べると、舌がしびれたようになるのはそのためです。また香り成分のなかには、石けんの香料やフルーツフレーバーにも用いられるシトロネラールなどが含まれています。

◆ 抗菌効果

　山椒の辛味成分サンショオールは抗菌、殺菌効果を持っています。また臭み消しにもなるので、こしょうのなかった時代には「毒消し」として、肉や魚の保存や下ごしらえにも用いられました。

◆ 食欲を高め、消化を助ける効果

　サンショオールの刺激は食欲を高めます。また同時に内臓・器官の働きも活発にし、消化を促進する働きもあります。脂っこい鰻の蒲焼きに山椒をふりかけると食べやすくなり、おなかももたれにくくなるのは、この効果からです。

> **サンショオール**
> 山椒の辛み成分であるサンショオールやサンショウアミドは大脳を刺激して、内臓器官の働きを活発にする作用がある。また、胃腸の働きの弱くなった消化不良や消化不良が原因の胸苦しさ、腹の冷えや腹痛に効果がある。

◆ 代謝を活発にする効果

　サンショオールには、発汗を促し、身体の新陳代謝を活発にする働きもあるといわれています。

❖ 山椒を用いた香辛料の種類と花椒

青山椒（青実山椒）

山椒のまだ完熟していない未熟な青い実です。もっともサンショオールが多く含まれており、強い刺激を持っています。佃煮にするほか、ちりめんじゃこと混ぜて「ちりめん山椒」がつくられます。この段階の実を乾燥させた「実山椒」や、それを粉砕した「粉山椒」もあります。

粉山椒

山椒の実は完熟するとはじけ、内部の種が地面に落ちます。サンショオールはおもに実の皮部分に含まれているので、この赤みがかった黒い皮を収穫し、砕いたものが一般的な「粉山椒」です。卓上で使う薬味として用いているのはこれです。日本伝統のミックススパイス七味唐辛子のほか、カレー粉、ウスターソースにも使われることがあります。

木の芽

山椒の若芽や葉をこう呼びます。おもにお吸い物や田楽、ちらし寿司、和え物のあしらい（飾りとして添える食材）として使われます。

木の芽は、使う直前に手のひらで軽くパンと叩きます。こうすることで、葉の組織内に閉じ込められている香り成分シトロネラールが外に出てくるからです。

花山椒

山椒の花やつぼみのこと。山椒には雄花だけが咲く雄木と雌花だけの雌木があり、おもに実のつかない雄花が用いられます。高級な珍味として、おもに佃煮や料理のあしらいに使われます。

辛皮（からかわ、しんぴ）

山椒の若枝の樹皮です。アクを抜いて、刻んだものをしょうゆで煮たり、塩漬けにします。山椒のしびれるようなさわやかな刺激は樹皮からも味わえます。一部の地域で根強い人気があり、お茶漬けなどに使います。

花椒（かしょう、ホアジャオ）

中国原産の香辛料。日本の山椒の近縁種ですが、山椒よりも辛みが強く、少し異なる風味、香りを持ちます。

「麻婆豆腐」の味の決め手になる香辛料として知られ、調理にふんだんに使うだけでなく、卓上でもさらに花椒の粉をかけて食べるのが一般的です。中国の代表的なミックススパイス「五香粉」にもよく入っています。

調味料トピックス

◆ 香辛料編 ◆

こしょうの使い分け

　こしょうは、粒（ホール）、あらびき、粉（パウダー）など、さまざまな形で販売されています。それぞれの特徴を覚えて使い分けると、料理の幅が広がります。

粒（ホール）

　こしょうの香りは揮発性が高い（蒸発しやすい）ので、粒状のものには芳香成分が多く閉じ込められています。長時間煮込んだり、マリネに漬け込むといった使い方をするときは、粒（ホール）のこしょうをそのまま使うと、じっくり香りを引き出すことができます。

粗挽き

　香りをしばらく持続させながら、ある程度早く食材に風味をしみ込ませたいときに用います。調理中に使うこしょうに最適です。

粉（パウダー）

　肉や魚の下ごしらえとして表面にまぶしたり、食べる直前にふるのに向いています。粒（ホール）をミルでひいてもよいでしょう。

画像提供：株式会社ギャバン

資料編
調味料の製造工程と歴史

　わたしたちがふだん使っている調味料は、一体いつ、どこで生まれたのでしょう。またどのような工程を経て製品となり、わたしたちの手元にやってくるのでしょう。

　そこには数々の物語と、調味料にかかわるたくさんの人たちの情熱が隠れています。

　知れば知るほど奥深い調味料の世界に、もう一歩踏み込んでみましょう。

しょうゆの製造工程（本醸造方式）

濃口、淡口、たまり、再仕込み、白の5種類のしょうゆの製造過程（本醸造方式）を見比べると、原材料の扱い方、製造方法の違いが、それぞれのしょうゆが持つ特徴や個性となって現われていることがわかります。本醸造方式でのしょうゆの製造工程は、大まかに麹（こうじ）づくり→諸味（もろみ）（まだ粕をこしていない状態のしょうゆ）の仕込み→搾り（圧搾）→火入れのフレームでおこなわれます。こうして丁寧につくられたものがビン詰めされて、わたしたちの食卓に運ばれてきます。

仕込みの工程では、諸味の熟成に数カ月を必要とするなど、風味豊かでコクのあるしょうゆをつくるために、じっくりと時間をかけて作業がおこなわれます。

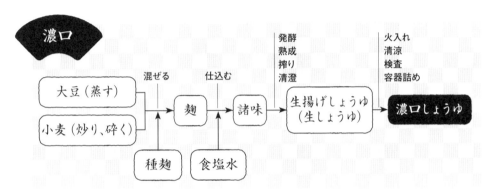

蒸した大豆（脱脂加工大豆）と炒った小麦をほぼ等量混合し、種麹を加えて「麹」をつくります。これを食塩水と一緒にタンクに仕込んで「諸味」を造り、撹拌（かくはん）を重ねながら約6〜8カ月もの間寝かせます。麹菌や酵母、乳酸菌などが働いて分解・発酵が進み、さらに熟成され、しょうゆ特有の色・味・香りが生まれます。

- ●仕込む…麹菌が十分に繁殖したら、発酵容器に貯蔵します。
- ●発酵・熟成…諸味の大豆がつぶれないように、ゆっくりと丁寧に諸味をかき混ぜます。この工程で、しょうゆ本来の色、味、香りが生まれます。
- ●搾り…諸味にプレスをかけてしょうゆを搾り出す工程です。時間をかけてゆっくり搾るほど美しいしょうゆになります。「圧搾」とも呼ばれます。
- ●清澄…搾りたてのしょうゆ（生揚げしょうゆ）には油や不純物が混ざっています。清澄タンクに数日寝かせ、浮いてくる油、沈殿する不純物を取り除く作業です。
- ●火入れ…生揚げしょうゆに熱を加える作業です。殺菌をし、酵素の働きを止めて品質を安定させることができます。しょうゆの色、味、香りも整えます。
- ●清涼…しょうゆを冷却タンクで冷まし、諸味やかすなどを沈殿させ、にごりや沈殿物を取り除きます。
- ●検査…成分値や微生物の検査など、機械によるものはもちろん、検査員が自らしょうゆを味わい、色、味、香りなどをチェックします。

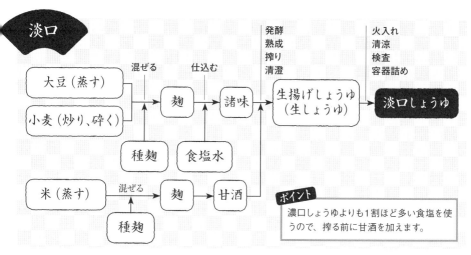

ポイント
濃口しょうゆよりも1割ほど多い食塩を使うので、搾る前に甘酒を加えます。

　淡口しょうゆの製造工程は、基本的には濃口しょうゆと変わりません。

　ただし、生揚げしょうゆをつくる段階で、甘酒で味を調える点が決定的に違います。これは、諸味に加える食塩が、濃口しょうゆのときより1割ほど多く使われるからです。また、諸味の塩分濃度を高めることで、発酵の進行が緩やかになり、これがしょうゆの色を薄くすることにつながっています。そのほかにも、小麦を炒る時間を短くする製造者もいるなど、色を薄くするための工夫は随所に凝らされています。

　塩分濃度が高く、色が薄いという淡口しょうゆの特徴は、そのような製造工程の差から生まれます。

（上）深さが10数メートルにもなる大型タンクに諸味を入れ、麹菌がつくりだした酵素や、乳酸菌、酵母の力で発酵・熟成させます。
（右）搾り（圧搾）の工程です。熟成した諸味は、三つに折った長い布に連続して詰めます。布を積み重ねると、はじめのうちは諸味自体の重さからしょうゆがにじみ出ます。

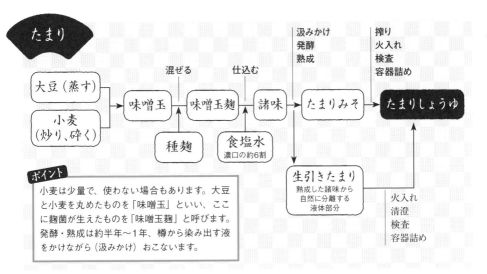

濃口しょうゆと淡口しょうゆは、大豆と小麦をほぼ同じ量だけ使うのに対し、たまりしょうゆは、その原料のほとんどが大豆です。蒸した大豆と、少量の小麦を丸めたものを「味噌玉」といい、これに麹菌を植えつけて塩水を加え、約半年〜1年間かけて、じっくりと熟成させます。

たまりしょうゆの諸味はとても固く撹拌ができないため、諸味の中にたまる液汁をすくっては諸味の上にかける（汲みかけ）という、非常に手間のかかる工程があります。

諸味を熟成させると、搾りをおこなわなくても自然に分離する液体があり、これは「生引きたまり」と呼ばれます。

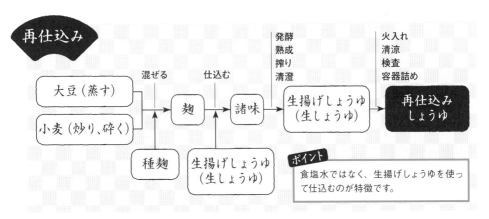

再仕込みしょうゆの製造工程の特徴は、諸味を仕込むときに、食塩水ではなく、ほぼ同じ塩分濃度の生揚げしょうゆ（清澄作業をおこなう前の、諸味を搾ったままのもの）を使うのが特徴です。加熱処理をおこなう前の、まだ酵素が活発な生揚げしょうゆを使います。

「再仕込み」という名前は、製造工程に生揚げしょうゆが2度登場することが由来です。

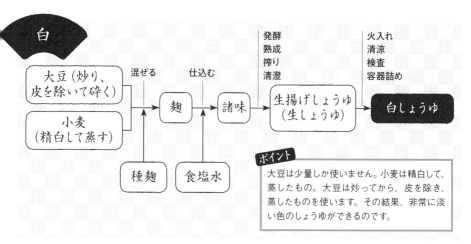

白しょうゆのつくり方は、たまりしょうゆと対照的です。主原料が大豆であるたまりしょうゆに対し、白しょうゆの原料は蒸した小麦がほとんどで、炒った大豆は少量だけ用いられます。小麦は精白して蒸したもの、大豆は炒ったあとに皮を除いて蒸したものを使います。そのような工夫から、非常に薄いしょうゆの色がつくられます。

小麦中心でつくられた麹の豊かな香りを生かすため、発酵は低温・短時間、そして淡口しょうゆ以上に発酵の進行を抑えてつくられます。そのため、しょうゆのなかでも色はもっとも薄く、うま味やコクも控えめな味わいができあがります。

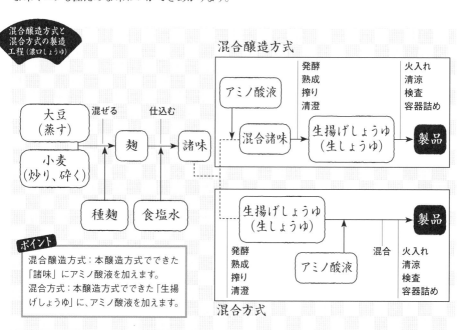

しょうゆの歴史

History 1　しょうゆの誕生

　しょうゆ（醤油）がいつ生まれたのかは諸説あり、はっきりしたことはわかっていません。古代中国の醤（ジャン）が朝鮮半島を経由して、飛鳥時代の日本に伝わり、醤（ひしお）となったともいわれますが、それ以前から自然発生的な貯蔵法として同様のものが存在していたとする説もあります。古代の醤は、魚や肉を発酵させた「肉醤（にくびしお）」（現在の塩辛や魚醤）、野菜を発酵させた「草醤（くさびしお）」（現在の漬物）、穀物や豆類を発酵させる「穀醤（こくびしお）」を総称する概念でした。いずれも冷蔵庫などがなかった時代に、大切な食材を塩漬けにして長く保存しようという知恵から生まれたものだったのでしょう。しょうゆはこの「穀醤」が進化したものだと考えられています。しかし、平安時代までの醤はとても高価なもので、一部の有力者が食べるものでした。

　文献で「シヤウユ」という文字を確認できるのは、室町時代に編纂された『文民本節用集（ぶんみんぼんせつようしゅう）』という本です。漢字では「漿醤」と表記されていましたが、この本をベースにしたと考えられている安土桃山時代の日常語辞典、『易林本節用集（えきりんぼんせつようしゅう）』には「醤油」とあります。これが現在きちんと確認できる最初の「醤油（しょうゆ）」です。日常語として出てくるので、この時代にはそれなりに広く普及していたのでしょう。なお、鎌倉時代の禅僧・覚心が中国の宋から伝えた径山寺味噌（きんざんじみそ）（金山寺味噌）からしみ出した液体がしょうゆのルーツになったという説もよく知られていますが、はっきりした確証はありません。

History 2　江戸文化としょうゆ

　しょうゆの生産が本格化し、消費量も一気に増えたのは江戸時代です。

　最初に製造されていたのはおもにたまりしょうゆでしたが、やがて全国各地でさまざまなしょうゆがつくられるようになります。人口が急増した関東では、江戸前の魚料理に合う濃口しょうゆが誕生。原料である大豆や小麦を大量に運べる川沿いで、天候もしょうゆづくりに適していた千葉県野田市、銚子市がその中心地となりました。現在でも多くの大手メーカーがこの地にあるのは、そのためです。一方、関西では伝統的な和食の味付けに合った淡口しょうゆが生産されるようになりました。多くの生産者が関わることで、種麹の改良が進み、しょうゆもザルではなく、重石（おもし）を使って一気に搾るようになっていきます。こうして、しょうゆは一般庶民にとっても欠かせない調味料として認知されるようになったのです。元禄時代に書かれた近松門左衛門の「曽根崎心中」の主人公・徳兵衛は、しょうゆ屋の手代（てだい）（丁稚（でっち）と番頭の中間の立場の者）として登場しています。

History 3　しょうゆと容器

　もうひとつ、しょうゆの普及に貢献したものとして重要なのが、ガラス瓶です。江戸時代のしょうゆは一斗（18ℓ）の樽で運ぶのが一般的で、使用済みの樽を回収する「空樽問屋」という業者もいたほどでした。都市部は問題ありませんが、こうした流通やリサイクルの仕組みが行き渡らない地方部には、商品としてのしょうゆはなかなか行き渡らなかったのです。
　この状況を変えたのが、大正時代になって大量生産されるようになったガラス瓶でした。ガラス瓶ならば、家庭で使い切れる手軽な量を、保存にも便利な容器に入れたまま流通させることができます。樽からガラスに移し替えられたことで、ついに、しょうゆは全国の食卓に届くようになったのです。家庭用しょうゆの容器は、その後軽くて割れにくいペットボトルが主流になりましたが、近年では酸化によるしょうゆの劣化を防ぐ工夫をこらした密封容器も登場しています。

History 4　しょうゆと世界

　しょうゆのおいしさに目をつけたのは日本人だけではありません。1647年には早くも長崎の出島を通じ、海外に輸出されたという記録が残っています。彼ら西洋人は、しょうゆを「スパイス」の一種と位置づけていたようです。おもに大阪・堺のしょうゆが、オランダの東インド会社を通じてアジア、ヨーロッパ各国に輸出されました。フランスのルイ14世がベルサイユ宮殿で開いた晩餐会の料理にも使われたといわれています。ヨーロッパでは、しょうゆをスープや肉料理にかけるソースの隠し味として使っていたようです。
　第二次世界大戦後は、アメリカで「テリヤキソース」が、しょうゆの味として広く認知されました。停止されていた民間貿易が再開されると、しょうゆのおもな輸出先はアメリカになったのです。
　現在、しょうゆは世界100カ国以上で使われるようになっています。国内では消費量が少しずつ落ち込んでいるしょうゆですが、海外での生産量は伸び続けています。

味噌の製造工程

　味噌の基本的な製造工程は、図を見ただけでも非常にシンプルなのがわかるでしょう。しかし、原料の品質や処理方法の違い、その土地の気候、使う麹の種類や配合、さらには熟成期間やかき混ぜ方などの違いによって、全国各地で多種多様な味噌がつくられています。

　できあがった味噌には、酵母菌や酵素が生きたまま活動しています。活発な発酵が続くと、パッケージが膨らんだり、品質が変わったりするので、出荷される前に加熱処理をしたり、酒精（アルコール）を加えて発酵を静める処理をすることも。加熱処理をしないものを「生味噌」といいます。

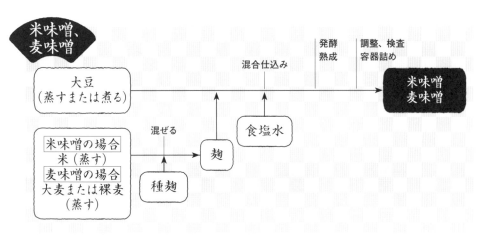

　米味噌と麦味噌の製造工程は、基本的には同じです。蒸すか煮るかをした大豆に、米または麦を原料とした麹を加えたあと、食塩水を加え、発酵・熟成させていきます。

　しかし、米味噌と麦味噌とでは、厳密にいえば麹をつくる工程に少しだけ違いがあります。麦は米に比べて吸水速度が速いので、水に浸しておく時間は約1時間と、米味噌よりも短く設定されます。その後、十分に水切りをしてから、蒸して麹をつくります。吸水時間が長すぎたり水切りが不十分だったりすると、蒸し上がった麦に水分が多く残り、麹をつくる過程で雑菌による汚染が進む原因となります。そのため、麦の麹づくりは水分の調整と温度管理が肝心です。

- ●混合仕込み…原料を混合して、発酵桶に投入します。
- ●発酵・熟成…温かい発酵室に置かれ、麹菌の活動を促します。方法や期間は味噌の種類によってさまざまで、味噌の香りの違いはこの工程で生まれます。
- ●調整・検査…アルコールを添加して酵母発酵をとめるなどして、味噌の品質を安定させます。「無添加生味噌」と書かれている商品は、調整工程がなく、そのまま容器詰めされます。
- ●検査…微生物検査などの衛生面のチェックや、検査員による味や風味などのチェックをおこないます。

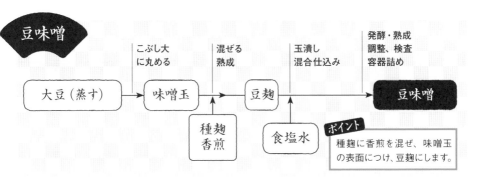

豆味噌は、大豆の扱いが米味噌や麦味噌と異なります。大豆のすべてを使って味噌玉をつくり、大麦を煎って粉末にした香煎に種麹を混ぜて麹（豆麹）をつくります。

製造工程としては、まず蒸した大豆を潰したあと、原料と容積が適切になるまで、冬季で3時間、夏季で1.5時間ほどかけてゆっくりと吸水させます。それに圧力をかけた蒸したものを冷まし、味噌玉製造機にかけて"味噌玉"をつくります。味噌玉が30℃に冷めたら、あらかじめ大麦を煎って粉末にした香煎に種麹を混ぜたものを散布し、約48時間かけて製麹します。これが豆麹です。できあがった豆麹は、ローラーで圧力をかけながら潰し、塩水の中に仕込んで発酵・熟成させます。

愛知県の「八丁味噌」は、原料は大豆と塩のみが特徴です。これを大きな木桶に仕込み、代々使い続けてきた玉石を山のように積み上げて重石とし、熟成をさせてつくります。大量の石を置くのは、水分を味噌全体に均等に行き渡らせることで、味噌をムラなく熟成をさせる必要があるからです。また、熟成期間を通常の豆味噌よりも長くとるため、深い味わいが楽しめます。

- 味噌玉…蒸した大豆を冷まし、こぶし大に丸めたもの。
- 玉漬し…麹が十分に繁殖した味噌玉を潰す工程。

もっと知りたい！ 調味料のこと
味の違いと色の違いのつくり方

甘口、辛口などの味の違いは、食塩の量と「麹歩合」（大豆に対する米や麦の比率）で決まります。基本的に、麹歩合を高くすると甘口になります。

赤、淡色、白といった色の違いは、原料の違い、大豆を煮るか蒸すかという処理方法の違い、そして麹歩合、さらには発酵熟成の長さ、かき回すかそっとしておくかといった工程の違いなどの組み合わせによって決まります。

味噌の歴史

History 1　味噌の起源

　味噌がいつごろ誕生したのかははっきりわかっていません。しょうゆと同じく、古代中国の塩蔵発酵食品である醤（ジャン）や、大豆などの穀物を塩で発酵させる豉（くき）が、飛鳥時代に我が国で醤（ひしお）となったという説がある一方で、縄文時代にはどんぐりなどでつくる「縄文味噌」と呼べるものがすでにあったという報告も見られます。

　701年に定められた「大宝律令」には「未醤」という文字が出てきます。これはまだ粒が残っている状態の「醤」を指していると考えられているものです。この「みしょう」の発音が変化して「みしょ」から「味噌」になったのです。

　平安時代の文献になるとついに「味噌」という文字が登場しますが、調味料というよりは、そのまま食べる特別な食べ物、または薬という位置づけでした。しかも非常に高価で、貴族や有力な役人たちの口にしか入らないものだったようです。

History 2　味噌汁の誕生と普及

　「味噌汁」という食べ方が一般的になったのは、鎌倉時代だと考えられています。きっかけは中国から戻った僧侶が持ってきた「すり鉢」でした。粒の残っている味噌をすりつぶすと水に溶けやすくなります。これが、味噌汁の誕生につながりました。味噌汁の登場はぜいたくを戒（いまし）め、質素倹約に励む鎌倉武士の食事スタイル「一汁一菜」も生み出しました。

　やがて大豆の生産量が増えると、全国各地で農民たちが自家製の味噌「手前味噌」をつくるようになります。保存食としても優れていた味噌は、あっという間に広くつくられ、庶民も食べられるようになったのです。

　もうひとつ見逃せないのは、携帯食としての味噌です。戦国時代を戦い抜いた武将たちにとって、味噌は欠かせない食料でした。干した味噌、焼いた味噌は持ち運びしやすく、保存もできて、しかも栄養豊富なたんぱく源になるからです。まさに理想の兵糧でした。ここに目をつけた戦国武将たちは、競うように味噌づくりを奨励します。宮城県の名産である「仙台味噌」は伊達政宗が仙台城下につくらせた大規模な味噌醸造所「御塩噌蔵（おえんそぐら）」がルーツです。同じように武田信玄は「信州味噌」、豊臣秀吉、徳川家康は「豆味噌」の発展に寄与したといわれています。

History 3　味噌屋が大繁盛

　江戸時代に入ると、栄養豊富で、おいしく、手軽な味噌の人気はますます高まり、一般庶民の食卓に欠かせないものになります。やがて自家製の味噌だけでなく、味噌屋で購入する人が増えていきました。やがて江戸の人口が急増すると江戸や、近隣の下総（千葉北部）、埼玉だけでは生産が追いつかなくなり、三河（愛知県南東部）や仙台からも大量の味噌が運搬されるようになりました。この時期、味噌屋は大繁盛したそうです。庶民にとっても、自分の好みに合う味噌を選ぶということができるようになりました。

　この時代には、味噌料理のレシピも多く考案され、広まっていきます。参勤交代制度や、長男が家督を継ぐという慣習の影響で、当時の江戸には非常に多くの独身男性が住んでいました。そのため外食産業が非常に発達し、人気のあるおいしいメニューは、彼らの移動とともにクチコミで全国に広がっていきました。

「納豆切る　音しばしまて　鉢たたき」という芭蕉の句に詠まれているのは、当時江戸っ子に人気だった納豆汁のこと。これは細かく叩いた納豆を入れ、豆腐や菜っ葉を入れた味噌汁です。

History 4　今も愛され続ける味噌

　明治以降、味噌づくりはさらに近代化され、温度管理によって醸造期間を短くしたり、品質を一定に保つ技術が生まれました。製造段階で味噌を下処理した「すり味噌」「こし味噌」によって、すり鉢や味噌こしを使わなくても簡単に味噌汁をつくることができるようになりました。容器も、樽の量り売りから、小分けされた袋、現在ではカップになったことで、より便利になっています。出汁入りの味噌、インスタントのものも多くの人に親しまれるようになりました。

　しかし、こうした手軽なものがある一方で、伝統的な製法を守り続けている生産者も少なくありません。また、手前味噌をつくる家庭も近年、再び増えているようです。時代は変わっても、味噌を愛する日本人の気持ちは変わっていないといえるでしょう。

酢の製造工程

　酢は、おもに酢酸菌という微生物の働きでできあがる調味料です。米、コーン、アルコールなどから穀物酢、りんご果汁から純りんご酢、米から純米酢ができるように、さまざまな原材料とそれに適した製造工程から、いろいろなお酢がつくられます。

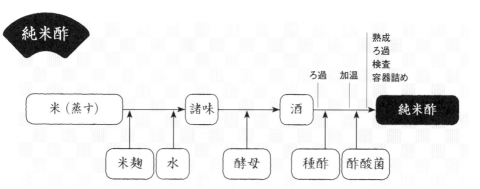

　米を蒸して米麹と水を加えると、酵素の働きで糖化諸味がつくられます。それに酵母を加えると、糖がアルコール発酵して、酒になります。できあがった酒はろ過をします。

　その酒に、「種酢」と呼ばれる純米酢を混ぜ合わせて加温し、酢づくりには欠かせない酢酸菌を加えます。すると、酒のアルコール成分が、酢の主成分である酢酸に変わります。この工程を「酢酸発酵」といいます。

　こうしてできあがった酢は、非常ににおいがきつく、とてもそのままでは出荷することができません。1カ月ほど寝かしてじっくりと熟成させて、やっとわたしたちがふだん使っている酢の状態に近づきます。

●**ろ過**…粕をろ過をして、液体にします。
●**加温**…種酢を加えたあと、仕込み液をつくるために熱を加えます。
●**熟成**…酢酸発酵した酢をじっくりと寝かせて、風味などを整えます。
●**検査**…微生物検査などの衛生面のチェックや、検査員による味や風味などのチェックをおこないます。

酢の歴史

History 1　人類最古の調味料

　人類最古の調味料のひとつといわれる酢。その発祥は酒と同じく非常に古く、紀元前約5000年にはすでにつくられていたことが、文献で確認されています。古代文明を育んだメソポタミア（現在のイラク）の南部で、干しぶどうやデーツ（ナツメヤシ）を原料とした酢が製造されていました。
　中国で酢の存在が確認できるのは、紀元前1100年ごろ。当時の国家・周には酢をつくる専門の役人がいたことがわかっています。

History 2　日本における酢

　酢の醸造法は中国を経由し、4〜5世紀ごろ日本に伝えられたと考えられています。和泉国（現在の大阪南部）で醸造が始まり、奈良時代にはかなり盛んにつくられるようになりました。
　平安時代の宮中では、手元に4種類の調味料「酢」「塩」「醤」「酒」を盛った四種器と呼ばれる調味料専用の小皿を置き、出された料理を各自好きなように味つけしながら食べていました。当時の日本人は、酢を調理ではなく、卓上の味つけ用調味料と考えていたのでしょう。また醤に酢を混ぜた、いわゆる合わせ酢もあったようです。
　酢が調理に用いられたことが確認できるのは、鎌倉時代以降です。このころ、川魚などを細く切り、酢に漬ける膾料理が登場します。

History 3　にぎり寿司の誕生と酢

　膾以外の魚の食べ方として、日本には古くから「なれ寿司」という調理法がありました。これは生魚をごはんと塩に漬け込むことで乳酸発酵させ、うま味や保存性を高めるものです。独特の酸味と香り、そして豊かな風味が特徴の、いわば現在の寿司の原形といえるでしょう。
　この寿司という食文化に画期的なレシピが登場したのは、和食文化が花開いた江戸時代の末期でした。ごはんに酢を混ぜる「早寿司」が登場したのです。発酵・熟成に長い時間を必要とする「なれ寿司」に比べ、圧倒的に早く調理時間が短いところから「早」の名がつきました。これが現在、「にぎり寿司」と呼ばれているものです。早寿司は気の短い江戸っ子の気質にもマッチし、大人気となります。
　さらに、同じ頃、尾張国にあったある酒蔵（現在の半田市）が酒粕から酢をつくる「粕酢（赤酢）」を考案します。この酢は米酢に比べ安価で、しかも酢飯によく合うと評判になりました。今でも寿司専門店の酢飯に赤酢を使うことが多いのは、こうした経緯によるものです。

塩の製造工程

種類の解説でも触れたように、塩の個性や特徴はその原材料と製造工程によって生まれます。

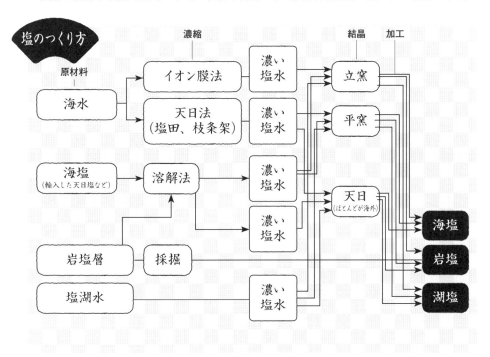

◇ 濃縮

　濃縮の工程は、大きくイオン膜法、天日法、溶解法があります。これは海水を原料とする場合と、岩塩が直接採掘できない場合に使われる方法で、採掘岩塩や塩湖水には必要ありません。
イオン膜法……塩は水に溶けると、＋の電荷を持つナトリウムイオン（Na＋）と、－の電荷を持つ塩化物イオン（Cl－）に分かれます。海水を入れた水槽を、＋のイオンだけを通す膜と、－のイオンだけを通す膜を交互に並べて仕切り、外側から電気をかけると、それぞれのイオンが外側に引っ張られ、塩分濃度を高めることができるというものです。他の濃縮方法よりも素早く、しかも気候に左右されずに濃縮できるのが特徴です。
天日法……塩田を使って海水を濃縮する伝統的な方法です。日本では揚浜式、入浜式、流下式などのやり方が生まれました。
　揚浜式塩田は、高台に粘土を敷き固め、砂をかぶせた「塩田」をつくり、海から桶で運んできた海水をまき、太陽の熱と風で水分を蒸発させて濃縮する、もっとも伝統的な方法です。
　入浜式塩田は、潮の満ち引きを利用して、海水を引き込む工夫を凝らした塩田です。

流下式塩田は、竹やビニール管などをやぐらのように組んだ枝条架と呼ばれるものをつくり、その枝にゆっくり海水が流れるようにして、水分の蒸発を促す方法です。イオン膜が登場するまで、日本では主流の方法でした。

溶解法……濃縮というよりは、実際には塩を溶かす作業です。海外でつくられる天日濃縮、天日結晶の海塩には不純物が含まれていることがあります。また岩塩層が地下深くにあったり、不純物が多くて直接採取できない場合におこなわれます。これらに水を注入し、できるだけ濃い塩水にするという製法です。

◇ 結晶

　結晶の工程は、大きく立釜、平釜、天日があります。直接採掘された岩塩には、この工程はありません。

　また、ここに紹介した以外にも、最近ではスプレーで霧状にした塩水に温風をあてる「噴霧乾燥法」や、加熱したドラムを回転させて塩水を吹き付ける「加熱ドラム法」といったものも登場しています。

立釜……熱効率を高めた大型の真空釜を使って、濃縮した塩水を煮詰めて水分を飛ばし、結晶化させる製法です。原材料や濃縮法を問わず、世界中の塩づくりで広くおこなわれている方法で、日本のスーパーで売られているごく一般的な「食塩」の多くは、イオン膜法で濃縮し、この立釜で結晶させたものです。

平釜……フタのない平らな釜を熱し、濃縮した塩水を煮詰め、時間をかけて結晶にする製法です。日本では、塩田を使った天日法で濃縮された塩水を、この平窯で結晶化するのが伝統的な製法でした。

天日……加熱はせず、太陽光と風だけで時間をかけて結晶化させる製法です。海水を天日で濃縮してそのまま結晶化させるものと、岩塩層に水を入れて溶解したもの、塩湖から汲み上げた塩水をこの方法で結晶化させるものがあります。

　湿気が強く、降水量も多い日本では、この方法で安定して結晶化させるのは難しく、ほとんどおこなわれていません。

　なお「天日塩」という言葉は、この結晶の工程を天日でおこなった塩を指します。

塩の歴史

History 1　日本の塩づくりの起源

　日本は海に囲まれた島国ですが、かつて塩は大変貴重なものでした。

　日本の塩づくりの始まりは、生活様式が狩猟から稲作に変わった縄文時代の終わりごろ。当時は焼いた海藻の灰（灰塩）に海水をまぜて濃い塩水をつくり、これを煮詰めて塩にしました。

　現在に近い製塩がおこなわれだしたのは、弥生時代の「藻塩焼き」といわれています。その方法は、まず先ほどの塩水にホンダワラなどの海藻をひたします。さらに、それを干したものに付着した塩分を海水で洗い出してかん水を採り、これを土器で煮つめて塩をつくりました。

　こうして始まった日本の塩づくりは、今日でこそ、その製塩技術は世界でもトップといわれています。ただ、手間と時間がかかる海塩の精製技術が発達するまでには、多くの苦労と工夫を積み重ねてきたのでした。

History 2　塩専売制の実施と終焉

　その後、江戸時代には瀬戸内に入浜式塩田が発達し、全国の約8割の塩を生産しました。このころには、塩づくりの文化は全国的に広まっていました。

　明治時代の開国後は日本の塩も国際市場の影響下に入り、外国産の塩との価格競争が始まります。そのため、「差塩（さしじお）」という、塩化ナトリウム純度の低い塩が流通の大半を占めていきました。

　その後、明治政府は日露戦争の戦費調達に困ると、財政収入を確保する目的などから、1905年（明治38）6月に塩の専売制度を実施しました。国内の塩をすべて自分たちでまかなう必要から、海水からいかに安く良質の塩をつくるかという、今に引き継がれる日本の塩づくりの方向性が生まれたのはこのころです。

　その後、生活に欠かすことができない塩の性格から、専売制のモデルは「収益専売」から「公益専売」へと形を変え、塩はより安価に提供され、製塩技術の発達も促されていきました。

　終戦から長い時間が経ったあと、行政改革・規制緩和への流れの中で、1995年にとうとう塩の専売制の廃止を前提として、製造・輸入・流通にわたる原則自由の市場構造への転換が図られることとなりました。

　こうして1997年4月、92年間続いた塩専売制度は廃止され、国内塩産業の一層の発展、多様な消費者ニーズへの対応を柱に、新しい日本の塩産業創世の扉が開かれました。

　現在、わたしたちが国内外の塩を自由に選び食べることができるようになるまでには、このような経緯があったのです。

砂糖の歴史

History 1　砂糖の世界史

　砂糖の起源は、ニューギニア（サトウキビ栽培の発祥地）だという説と、インドだとする説があります。アレキサンダー大王がインドに遠征した紀元前4世紀の古代ギリシャの文献に「インドには蜂の力を借りずに、葦（あし）からとれる蜜がある」との記述があり、サトウキビから砂糖を精製する技術はインドで生まれた可能性が高いと考えられています。

　日本に伝わったのは8世紀。奈良時代の遣唐使が中国から運んだのが最初でした。唐の僧・鑑真（かんじん）は砂糖を持って来日したという逸話も残っています。当時の日本では、砂糖はおもに薬として扱われました。日本で確認できる最初の砂糖についての記述は、正倉院の「種々薬帳（しゅじゅやくちょう）」という薬の目録で、「蔗糖（ショ糖）」と記されています。現在の黒砂糖に近いものだったようです。

　ヨーロッパでサトウキビの栽培と砂糖製造が始まるのは11世紀ごろからです。きっかけは十字軍の遠征でした。15世紀末に、コロンブスがアメリカ大陸を発見した際には、サトウキビを西インド諸島に移植しています。その後、ヨーロッパ各国は、植民地化した国々で、大規模なサトウキビ農園を運営するようになっていきました。

　一方、日本でも室町時代になると砂糖の輸入が盛んになります。そのきっかけは武士や貴族のあいだで茶の湯が流行したことです。その席で供される和菓子が発達しました。やがて南蛮貿易によって、カステラのような西洋菓子とともに、砂糖も大量に輸入されるようになります。しかし、まだ調味料としてはほとんど認識されておらず、製造もおこなわれていませんでした。

　日本国内で砂糖の生産が始まったのは江戸時代の初めです。最初は産地に近い、薩摩藩が取り組みました。また琉球（現在の沖縄）にも、中国から黒砂糖の製造法が伝えられています。当時、海外から持ち込まれる砂糖は非常に高額でした。これを国産のものに切り替えるため、幕府はサトウキビの栽培と砂糖の生産を奨励したのです。こうして、全国各地で砂糖製造が始まりました。現在も伝統的な製造法でつくられている「和三盆」はこのとき誕生しています。

　明治時代になると、海外から近代的な製糖技術が導入され、北海道では甜菜を使った砂糖製造が開始されます。そして価格が安く、質の良い砂糖も大量に輸入されるようになり、ようやく砂糖が、ごく一般の人々の手に届く存在になりました。

　しかし、その一方で輸入砂糖は深刻な事態も引き起こしてしまいます。安価な輸入品に圧され、国内の製糖業が危機的な状況に陥ってしまったのです。このピンチを救ったのは、日清戦争後に日本領となった台湾でした。サトウキビ栽培に適した気候の地に、大規模で近代的な工場がつくられ、日本の砂糖生産は息を吹き返します。

　また、第二次世界大戦中には、台湾から船を出すことが難しくなり、砂糖は「配給制」となります。戦後の砂糖不足を乗り越え、近代的な製造体制が整ったのが、現在の砂糖なのです。

砂糖の製造工程

　砂糖は、サトウキビやテンサイなどの糖分を豊富に含んだ植物を搾り、不純物を取り除いて、煮立てながら濃縮し、結晶状にするという工程によってつくられます。ここでは日本の家庭でよく使われる、サトウキビを原料とした分蜜糖（精製糖）のつくり方について解説しましょう。

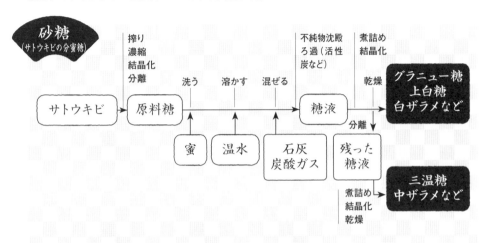

◆ 原料糖（粗糖）まで

　サトウキビは収穫した瞬間から、どんどん糖分が失われていく性質を持っています。そこでサトウキビ畑の近くにつくった工場でいったん糖分を取り出し、結晶化させた「原料糖」をつくるのが一般的です。原料糖は「粗糖」とも呼ばれ、不純物を多く含むので、そのままでは食用にできません。これを船などに乗せ、消費者の多くいる場所に近い工場に運び、改めてもう一度精製するのです。

　なお、粗糖をつくらず、生産地で最後まで精製した砂糖を「耕地白糖」といい、テンサイを原料とする砂糖の多くは、産地である北海道でこの方法が採られています。また、サトウキビの粗糖工場の近くに精製工場を併設し、そこで精製した砂糖を「耕地精糖」と呼びます。

遠心分離機で、ショ糖を結晶と蜜に振り分けます。この結晶が原料糖になります。

畑で刈り取られたサトウキビは、近くにある粗糖工場に運びこまれ、茎を細かく裁断されます。これに水を加え、圧搾機で搾り、搾り汁をつくります。このときに出る搾り粕は「バガス」と呼ばれ、機械を動かす燃料として使われます。

搾り汁に石灰を加えると、不純物が底に沈殿するので取り除きます。上澄み液を蒸気で熱して濃縮し、ショ糖成分が酸化しないよう、真空にしたタンク「真空結晶缶」で煮詰めて、結晶化。そして、遠心分離機にかけ、糖蜜を分離すれば、原料糖のできあがりです。

原料糖の結晶には不純物が付着しているので、茶色がかっています。

◆ 原料糖から糖液まで

原料糖は船などを使い、産地から精製工場に運ばれます。

精製工場での最初の工程は「洗糖」、つまり洗うことです。原料糖に蜜を混ぜ、結晶表面の不純物を溶かし、遠心分離器で振り分けます。なぜ蜜を使うのかというと、水だとショ糖の結晶も一緒に溶けてしまうからです。

次に、振り分けた結晶を温めた水で溶かし、石灰を加え、炭酸ガスを吹き込んで不純物を沈殿させる工程をおこないます。不純物を除いた上澄み液はまだ黄色がかった褐色ですが、活性炭などでろ過すると、無色透明になります。これが「糖液」です。

◆ いよいよ分蜜糖（精製糖）に

糖液は真空結晶缶で煮詰められ、結晶化していきます。このとき、種（シード）と呼ばれる結晶を入れることで、どの種類の砂糖をつくるかがコントロールできるのです。そして、遠心分離器で糖蜜を振り分け、結晶を乾燥、冷却させれば砂糖（分蜜糖）の完成です。

しかしまだ精製作業は終わりません。

なぜなら、分離された糖蜜には、まだたくさんのショ糖が含まれているからです。そこでこの糖蜜を使い、もう一度、真空結晶缶で結晶を取り出し、分離する工程がおこなわれます。この作業が何度か繰り返されると、加熱により結晶にだんだん色がついてきます。これが、中ザラメや三温糖特有の褐色を生み出すのです。

みりんの製造工程

　伝統的な製法でつくられる本みりんは、もち米、米麹（米、種麹）、アルコールを原材料としています。
　基本的な工程は、蒸したもち米、米麹、アルコールを仕込み、できあがった諸味を糖化、熟成させるというものです。

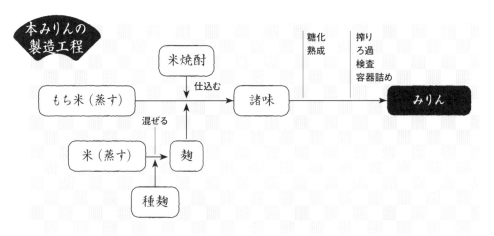

　伝統的な本みりんの仕込みに使われるアルコールはおもに米を原料とした蒸留酒、つまり米焼酎でした。工業化が進んだ現在では、このアルコールの種類によって「旧式みりん」「新式みりん」を区別するようになっています。

●旧式みりん…単式蒸留（蒸留を1度ですませる伝統的な製法）をした焼酎（いわゆる「乙類焼酎」）で仕込んだ本みりん。米などの原料の風味が残りやすく、独特の香りも強く出ます。
●新式みりん…連続式蒸留（蒸留を繰り返しアルコール度数を高める製法）をした焼酎（いわゆる「甲類焼酎」）で仕込んだ本みりん。ほとんど無味無臭の焼酎が得られるため、もち米や米の風味がおだやかに残ります。
●糖化…米麹に含まれる酵素であるアミラーゼが、もち米のでんぷんを分解し、糖に変える作用です。
●熟成…米麹に含まれるプロテアーゼなどの酵素がたんぱく質を分解し、アミノ酸、有機酸、香気成分を生成することで、みりんの深い味わいを生みます。

みりんの歴史

History 1　みりんの起源

　みりんの誕生には諸説ありますが、日本でその存在が確認できるのは戦国時代です。博多で古くからつくられていたもち米でつくる甘い酒「練酒」(練貫酒)の腐敗を防ぐためにアルコール(焼酎)を加えたのがルーツになったとする文献と、中国から伝わった蜜のように甘い酒「蜜淋(ミイリン)」が起源であるとする文献、この2つの説がよく知られています。
　「みりん」という言葉が確認できるもっとも古い資料は、1593年に駒井重勝(豊臣秀次の書記役)が記した「駒井日記」で、現在の表記「味醂」とは異なる「蜜淋」と書かれています。

History 2　飲料から調味料へ

　戦国時代のみりんは、甘みのある酒として扱われ、おもに貴族たちが飲む高級品でした。調味料としてのみりんが確認できるのは、江戸時代の中期です。うなぎのタレやそばつゆの隠し味として使われるようになり、「江戸っ子好みの甘辛い味付け」に欠かせない調味料として、一気に認知度が高まりました。みりんのアルコール分を飛ばして「煮切る」という調理法も、この時代に江戸の料亭で生まれたものです。
　しかし当時のみりんは、今ほど甘みの強いものではありませんでした。米麹の品質が悪く、でんぷんを効率よく糖化することができなかったのです。しかし明治から昭和にかけ、麹をつくる技術が発達するにしたがって、濃厚で深みのある甘味とうま味を持つ、現在わたしたちの知っているみりんがつくることができるようになっていきます。

History 3　家庭にみりんが登場

　しかし、みりんが一般家庭に広く普及するのは、もう少し先のことでした。原材料にもち米を使い、長期間熟成させる本みりんはまだ高級品であり、とくに戦中、戦後は酒税も高かったからです。本みりんは、日本料理店やうなぎ屋、そば専門店で味わうものでした。
　この状況が変わったのは、昭和30年代です。酒税が改正され、本みりんは大きく減税されました。同時にみりん醸造の工業化も進められ、手軽に手に入るようになったのです。
　ちなみに、みりんを飲む文化は、「本直し」「柳陰」と呼ばれる焼酎で割ったリキュールやカクテルとして今も一部で残っています。
　また、近年では、もち米に圧力をかけて蒸す「加圧蒸煮」や温度管理によって糖化・熟成を促進する技術が向上し、40日から60日ほどで完成できる製法も現われてきました。

酒・麹の製造工程

清酒など、さまざまな調味料の原材料として使われる「米麹」のつくり方を紹介します。p.151で説明する清酒のつくり方においても、根幹的な役割を担っていることがわかります。

◇ 米麹のつくり方

米麹は蒸した米に種麹を混ぜ（専門的には「植える」といいます）、麹菌を繁殖させたものです。しょうゆや米味噌、酢、みりんの製造工程でも登場します。

これらの醸造で使われている種麹は、空気中にいる麹菌を培養し、胞子（菌の種）などの扱いやすい形で乾燥させたものです。麹菌は米などにくっつくときに「菌糸」と呼ばれる糸状の物体をのばす性質があり、伝統的に「もやし」と呼ばれてきました。日本にはこの種麹を製造する専門メーカー、通称「もやし屋」がいくつもあり、用途や醸造業者の求めに応じて、さまざまな種類の種麹をつくっています。

米麹で使われる種麹は、黄麹菌（きこうじきん）という麹菌です。胞子の色が黄色がかった緑色なので、この名で呼ばれます。ニホンコウジカビ（麹菌の一種。学名はアスペルギルス・オリゼー）などを含んでおり、清酒、しょうゆ、米味噌、みりんに使われる種麹には、必ずこの菌が含まれています。ちなみに、人気マンガ「もやしもん」に登場して人気が出たA・オリゼーは、このニホンコウジカビのことです。

黄麹菌がもっとも活発に活動するのは30℃前後です。そのため蒸した米をこの温度になるまで冷まし、その表面に「種つけ」をします。黄麹菌は胞子から菌糸をのばし、どんどん繁殖していきます。そして、その活動の中でアミラーゼ（でんぷん分解酵素）、プロテアーゼ（たんぱく質分解酵素）、リパーゼ（脂質分解酵素）といった酵素類が大量に体外に放出されます。

こうしてできあがったのが、「米麹」です。

麹は「酵素の宝庫」ともいわれ、でんぷんやたんぱく質を分解し、わたしたちが甘味やうま味を感じる手助けをしてくれます。

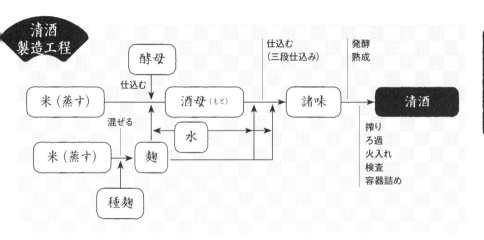

清酒のつくり方

　清酒は原材料の米を、米麹に含まれる酵素によって糖に変え（糖化）、その糖を酵母の力でアルコールに変化（アルコール発酵）させてつくられています。

　仕込みで加えている「酵母」は、発酵を引き起こす微生物をまとめたもののことで、英語では「イースト」。ビール酵母やワイン酵母と同じように、清酒にも「清酒酵母」と呼ばれるものがあります。清酒酵母のもっとも重要な役割は、糖をアルコールに変えることで、その主役を担うのが「サッカロマイセス・セレビシエ（S・セレビシエ）」という酵母菌。この菌は糖をアルコールと二酸化炭素に分解します。アルコール発酵が泡立つのは、この働きによるものです。しかし、酵母の役割はそれだけではありません。清酒の細かな味わい、香りなどの決め手となっており、日々新たな酵母が考案され続けています。その発酵、熟成過程で微生物が果たしている役割は、まだ完全にはわかっていません。

　蒸し米、水、麹に酵母を加える作業を「仕込み」といい、ここでできあがったものが「酒母（しゅぼ）」です。酒の元になるので、酛と書いて「もと」とも呼ばれます。

　清酒づくりの最大の特徴は、この仕込み作業を三段階に分ける「三段仕込み」だといわれています。一度に仕込むと、酵母が十分に働かず、しかも雑菌が増えてしまいます。そこで、蒸し米、水、麹は3回に分け、数日かけて酵母タンクに仕込んでいきます。1度目の仕込みを「初添」、2度めを「仲添」、3度めを「留添」と呼びます。

　三段仕込みが終わるとタンクが泡立ち、発酵が始まります。この最初の状態を「諸味」と呼んでいます。

　清酒のアルコール発酵の適温は8～18℃。涼しい環境を維持しながら、発酵を進め、熟成を終えたところで、諸味を搾ります。このときの搾りかすが「酒粕（さけかす）」です。さらに不純物を取り除くために、ろ過をし、酵素の働きを止めるために火入れをして、アルコール度数を水を加えることで調節します。これで清酒の完成です。

酒・麹の歴史

History 1　米を使った酒の誕生

　酒の歴史はあまりにも古く、人類の祖先が地球上に誕生したのが約500万〜600万年前といわれているなか、酒は何千万年も前からこの世に存在していた可能性があります。なぜなら、ぶどうの歴史がそれだけ長いから。遥か昔から地球にはぶどうが実っており、さまざまな微生物も存在していたことが研究により明らかになっています。微生物の働きによりぶどうの果実がアルコール発酵をし、現在でいう果実酒に近いものができあがっていたと推測されます。

　日本人がいつ酒をつくり、飲んだり、調味料として利用するようになったりしたかは、はっきりとわかっていません。

　3世紀末の中国の歴史書『三国志』の「魏書」にある日本について書かれた部分「東夷伝」の倭人条(「魏志倭人伝」)には「父子男女別無し、人性酒を嗜む」と書かれているので、この時代にすでに酒はあったようです。しかし、どういうものだったのかは描かれていません。米を使っていたのかも不明です。日本に稲作が定着したのは縄文時代の終わりから弥生時代にかけてだと考えられており、米を主体とした酒がつくられるようになったのも、この時期だろうと推定されています。そして麹はまだありませんでした。

History 2　「口噛み」から麹へ

　古代の酒は加熱した米を口に含んでよく噛み、それをツボなどに入れて発酵させる「口噛み」といわれる製法でつくられていました。唾液にはでんぷんを分解する酵素アミラーゼ(「ジアスターゼ」ともいいます)が含まれているので、よく噛むことで米に含まれるでんぷんを糖化することができるのです。清酒酵母ももちろんありません。空気中にただよう菌類(野生酵母)によってアルコール発酵をおこなっていました。

　8世紀初め、奈良時代初期『古事記』『日本書紀』とほぼ同時期に書かれた各国の風土記から、当時の酒づくりの様子をうかがい知ることができます。『大隅国風土記』には、口噛みは巫女がおこなっていたとあります。その一方で『播磨国風土記』には、神様にお供えした米にカビが生えたので酒を醸したという表現があり、この時期には麹を使った米の酒づくりも始まっていたようです。『古事記』には、百済(朝鮮半島にあった国)からきた須々許里という人物が麹で醸造したとみられる酒を天皇に献上したと書かれていますが、このときにはすでに国内でも同様の技術があったという説もあります。

歴史・製造工程

History 3　清酒の原型は1000年前にできていた

　奈良時代、麹による清酒づくりは「造酒所(さけのつかさ)」という役所が担当し、おもに朝廷によって進められていました。。平安時代初期の10世紀に編まれた『延喜式(えんぎしき)』には、米、麹、水を原料に、数回に分けて仕込む方法が書かれています。この時期には、清酒の基本的な醸造方法が生まれていたようです。

　その後、寺や神社も「僧坊酒(そうぼうしゅ)」と呼ばれる清酒をつくるようになり、室町時代には京都を中心に造り酒屋が誕生、灘(なだ)にも進出します。彼ら民間の生産者同士が競い合うことで、醸造技術はさらに発達しました。麹菌の胞子だけを集めて使いやすくした粉末状の「麹塵(きくじん)」が開発されたのはこのころです。さらに江戸時代にかけ、米を精米してから蒸すようになり、保存性を高める火入れ法（低温殺菌法）も開発されました。ちなみに、フランスの細菌学者パスツールが、ワインの腐敗に関係する細菌を死滅させる「低温殺菌」を考案したのは1862年のこと。日本ではそれ以前から、清酒にまったく同じ手法を用いていたのです。

　こうして江戸時代には、清酒は庶民の味として広く親しまれるようになりました。また米麹を使った「甘酒」は、体力回復に役立つ栄養豊富な飲み物として、暑い夏によく飲まれていたようです。甘酒は今でも夏の季語になっています。

History 4　麹菌の解明

　明治の文明開化は、麹にも革新をもたらしました。麹菌について科学的な見地から解明されるようになったのです。それまではもやし屋（麹衆）と呼ばれた専門業者たちが、それぞれ独自の経験や技術に基づいてつくった麹だけが販売されていました。しかし、このときから、今ではさまざまな醸造食品の原材料として使われる、「種麹」が販売されるようになりました。醸造食品といえば、しょうゆ、味噌、みりん、清酒など、日本食にとってなくてはならない調味料ばかりです。世界中で評価を受けている日本食文化の発展は、種麹の存在なくしてはあり得ないものだったかもしれません。

　2006年、日本醸造学会はさまざまな調味料に使われてきた麹菌を「われわれの先達が古来大切に育み、使ってきた貴重な財産」として、「国菌」に認定しています。

　数年前には、「塩麹(はくじ)」が家庭の食卓で一大ブームとなりました。塩麹の、食材のうま味を引き出す効果も、麹菌の働きによってつくられる酵素によるものです。麹菌とわたしたちの食生活はこれからも密接に結びつき、豊かさを与えてくれるでしょう。

現代の調味料の製造工程

◆ マヨネーズ

　マヨネーズ（卵黄型）の製造工程は、割卵→調合→乳化→充填という流れになっています。大きなポイントは「乳化」です。簡単に説明しましょう。

　まず原料の卵を、工場内にある割卵機という専用のマシンで割ります。卵黄のみを取り出せるようになっており、貯蔵タンクに投入されます。卵白部分や殻は他の食品材料にまわされます。

　続いて、酢、食塩、調味料などを入れて混ぜ、味を調合します。ここに植物油を入れ、「乳化」工程に入ります。

「水と油」という言葉があるように、水分を多く含む酢は、一緒のタンクにただ入れるだけでは油と分離してしまいます。オイルを使ったドレッシングが、よくふると混ざるのに、少し経つとすぐ分離してしまうのはこのためです。

　ところが卵黄に含まれるレシチンという物質は、油にも水にも結びつきやすい性質があります。卵黄を入れて全体を細かく泡だてるように撹拌すると、油の粒子のまわりにレシチンが層をつくり、分離せずに混ぜることができるのです。この現象を「乳化」といい、粘り気のある、あのクリーム状の状態が生まれます。

　これを酸化しないよう、素早く容器に充填すればできあがりです。マヨネーズには殺菌力の強い酢を多く含まれているので、保存料は使われません。ただ、酸素に触れると油脂が酸化して味が劣化してしまうので、素早く充填するのです。

　ちなみに、手づくりマヨネーズが油っぽくなったり、分離しやすいのは、本格的な製品で使われる機械ほど細かく泡立てることができないため、マヨネーズ中の油粒子が大きくなってしまうためです。

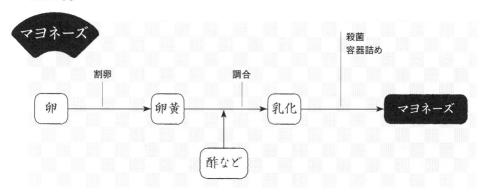

歴史・製造工程

◆ ケチャップ

　ケチャップの原材料は、完熟トマト、醸造酢、塩、砂糖、香辛料が基本ですが、玉ネギもよく使われています。その他、製品によっては糖類などが入ります。

　製造工程はとてもシンプル。真っ赤に完熟したトマトを洗い、皮、種を取り、裏ごしして、煮込みます。水分がなくなり、ペースト状になったら、その他の材料を調合します。短時間で素早く殺菌し、容器に充填して、冷却、包装すれば完成です。

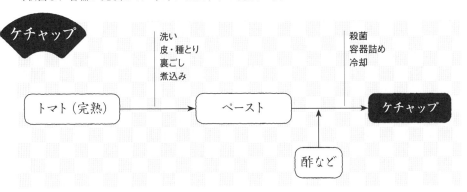

◆ ソース

　ソースのつくり方の基本的な流れは、原材料の加工→仕込み→熟成→ろ過→容器詰めです。

　原材料のベースとなるのは野菜と果実です。ソースによく使われるのはトマト、玉ネギ、ニンジン、ニンニク、セロリ、りんご、プルーン、デーツ（ナツメヤシ）など。これらを細かく刻み、煮込みます。煮込んだものを裏ごしして、熟成用のタンクに移します。

　続いて、砂糖、塩、酢、香辛料を加える、仕込みです。おもな香辛料は唐辛子、生姜、白こしょう、黒こしょう、クローブ、クミンなど。臭みを消して、よい香りをつけるローリエ、セージ、タイムといったハーブ類もよく使われます。ハーブや香辛料には風味をつけるだけではなく、ソースの保存性を高めたり、食べたときの消化吸収を助ける役割もあります。

　味を調えたら仕込みは完了。そのまま熟成させます。

　最後にろ過し、高温の蒸気などで殺菌処理して、容器に詰めます。熟成後のろ過、容器詰めの方法にも製品ごとに微妙な違いがあり、とろみや風味などの個性を出す工夫が施されています。

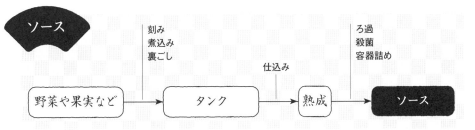

現代の調味料の歴史

History 1　マヨネーズの歴史

　マヨネーズの発祥は、18世紀半ばのスペイン・メルノカ島の港町マオンだといわれています。当時イギリス領だったこの島に、1750年、フランス軍が侵攻しました。このとき軍勢を率（ひき）いていたリシュリュー公爵が、ある料理店で食べた肉にかかっていたソースのおいしさに驚き、帰国後にマオンのソース「Mahonnaise（マオンネーズ）」として紹介したのです。これが変化して、「Mayonnaise（マヨネーズ）」となったという説が有力です。その後ヨーロッパ全域に広がり、アメリカで製品として製造・販売されるようになりました。

　日本では1925年に製造が始まっています。キユーピーの創業者である中島董一郎が、留学先のアメリカで出会ったマヨネーズのおいしさと高い栄養価に注目し、「日本人の体格をよくすることができるのではないか」と持ち帰ったのが最初でした。第二次世界大戦後になると一般家庭にも広がり、それまで日本ではほとんど見られなかった生野菜を食べる「サラダ」という食習慣の普及にも一役買ったといわれています。

History 2　ケチャップの歴史

　ケチャップのルーツは、意外にも東南アジアの魚醤だとする説が有力です。古代の中国南部やマレーシアに「ケ・ツィアプ」と呼ばれた魚醤（小魚を塩漬けした発酵調味料）がありました。これが17世紀ごろヨーロッパに伝わったのがルーツだといわれています。その後、ヨーロッパではこの名称が独り歩きします。いつしか魚だけでなく、マッシュルームなどのきのこ、野菜や果物を塩や香辛料で味つけして煮込んだ調味料も、「ケチャップ」と呼ぶようになったのです。今でも海外にはトマト以外のケチャップが数多くあるのは、そのためです。

　トマトを使ったケチャップ「トマトケチャップ」を生んだのはアメリカでした。18世紀後半には家庭でつくられていたことがわかっており、19世紀には工場で大量生産が始まります。このときには、完熟トマトを煮詰め、酢、塩、砂糖、香辛料で味つけし、保存性を高めるというケチャップの基本レシピも完成していました。

　日本にケチャップが来たのは明治時代です。西洋野菜の栽培をしていた清水與助という人物が外国人シェ

フに製造法を学んで、1896年に「清水屋」というメーカーを興したのが最初だといわれています。清水屋はその後廃業してしまいますが、ケチャップは大手メーカーも製造するようになり、洋食の普及とともに「洋食に欠かせない調味料」として需要が伸びていきました。ナポリタンスパゲティ、チキンライスやオムライスなど、ケチャップを使った定番洋食メニューの多くは、日本で生まれたものです。こうして「ケチャップ」といえば、トマトケチャップを指すほどの人気調味料となったのです。

History 3　ソースの歴史

　明治時代の洋食ブームの名残りから、日本で最初に人気を獲得したソースは、ウスターソースでした。

　ウスターソースの発祥はイギリスのウスター市。玉ネギやニンニクなどの野菜にフルーツをモルトビネガー（大麦の麦芽を主原料とする醸造酢）に漬け、アンチョビ、香辛料などで味つけして、煮込んだ液体を熟成させたソースでした。

　このソースが誕生したのは19世紀初頭だとされていますが、その経緯には諸説あります。よく知られているのは、ウスター市の主婦が余った野菜やフルーツの切れ端をもったいないと思い、腐らないように塩や酢、香辛料をまぶして貯蔵しておいたら、いつの間にか熟成され、あらゆる料理に合う液体ソースができていた、というものです。真偽は不明です。

　1837年に同市内のリー＆ペリン社からウスターソースが発売され、今も世界のスタンダードになっています。

　このウスターソースは明治期、日本の洋食店でも使われたようですが、当時の人々には酸味が強すぎたのか、あまり定着しませんでした。その後国内の各メーカーがしょうゆをベースにしたソースなど、さまざまな工夫を凝らしたレシピを競うようになり、独自の和風ウスターソースである「ソース」が生まれました。

調味料の保存方法と賞味期限

調味料	保存方法	賞味期限
しょうゆ	開栓後は酸化しやすいので、フタをしっかり締めます。日光にも弱いので、冷蔵庫で保管するのがもっとも確実です。	(ペットボトル・ガラス瓶・缶の順に) 濃口・たまり・再仕込み→18・24・24カ月 淡口→12・18・18カ月 白→ー・8・8カ月 (しょうゆの日付表示に関するガイドラインより)
味噌	通常、冷蔵庫で保管します。空気に触れると乾燥しやすいので、味噌の表面にラップをかけておくとよいでしょう。冷凍庫でも保存できます。	米味噌(甘味噌・辛味噌) →3〜6カ月・3〜12カ月 麦味噌→3〜12カ月 豆味噌→6〜12カ月 調合味噌→3〜12カ月 (全国味噌工業協同組合連合会の規定より)
酢	殺菌力が強いので常温保存できますが、日光と高温は苦手です。冷暗所で保存してください。夏の暑い時期は、冷蔵庫に入れたほうがよいでしょう。長期間使わないときはときどき揺らすと、酢酸発酵が進み過ぎるのを止めることができます。	穀物酢・米酢→2年 (全国食酢協会中央会、全国食酢公正取引協議会の規定より)
みりん	冷暗所で保存します。冷えすぎると糖分がかたまるので、冷蔵庫には入れないようにしてください。	表示義務なし (食品衛生法より)
酒	光と高温で劣化するので、冷暗所で保存します。アルコール分が多いので、常温で問題ありません。	表示義務なし (食品衛生法より)
麹	市販の乾燥麹は基本的に冷蔵で保存します。冷凍すると長期間保存できますが、麹菌の力が弱まることがあります。	商品による (画一的な基準はなし)

調味料の保存方法

調味料	保存方法	賞味期限
塩	湿気が大の苦手で、強いにおいのものを近くに置くと吸着します。密閉した容器に入れておけば、長期間常温保存も可能です。	表示義務なし (食品表示法より)
砂糖	湿気（吸水性が高いので湿気る）も乾燥（砂糖に含まれる水分が蒸発して固まる）も苦手なので、室温・湿度ともに変化の少ない、冷暗所がよいでしょう。	表示義務なし (食品表示法より)
出汁	冷蔵庫で数日保存できます。まとめてつくったときは、冷凍庫がよいでしょう。	―
かつお節	パック入りなどの削り節は風味が飛びやすいので、密封して袋の中の空気を十分抜いてから冷凍保存が最適です。	1年 (主要メーカーの基準より)
昆布	湿気を嫌うので、乾いた冷暗所で保存します。しっとりしたときは、天日干ししてください。	1年 (主要メーカーの基準より)
煮干し	酸化すると風味が失われます。開封したら残りは密封して空気を抜き、冷凍庫で保存してください。	6カ月 (主要メーカーの基準より)
干ししいたけ	湿気、日光を嫌います。密封容器に入れ、冷暗所で保存しましょう。冷蔵庫でもOKです。	1年 (主要メーカーの基準より)
マヨネーズ	開栓後は冷蔵庫で保存します。0℃以下になると分離してしまうので、庫内の冷気が直接当たらないようにしてください。	ボトル入り→10カ月 瓶入り→1年 (主要メーカーの基準より)
ケチャップ	開栓後は冷蔵庫で保存します。マヨネーズと同じく、0℃以下にならないようにします。	2年 (主要メーカーの基準より)
ソース	開封後は冷蔵庫で保存します。	2年 (主要メーカーの基準より)
唐辛子	乾燥したものは密閉容器に入れて常温で保存します。粉よりもそのままのタイプのもののほうが風味は長持ちします。	粉末→3年 (主要メーカーの基準より)
こしょう	密閉容器に入れて冷暗所で保存します。粒（ホール）のほうが粉（パウダー）タイプよりも長く風味を保てます。	粒（ホール）→3年 粗挽き・粉（パウダー）→2年 (主要メーカーの基準より)
わさび	生の本わさびは、濡らしたキッチンペーパーで包み、さらにラップをまいて冷蔵庫に入れると数日間保存できます。またコップにわさびを立て、少し頭が出るくらいまで水を張って冷蔵庫保存すると、1カ月程度保管することができます。（こまめに水を換えること）	チューブ→1年 (主要メーカーの基準より)
山椒	乾燥させたものは密閉容器に入れ、冷暗所で保存します。木の芽は濡らしたキッチンペーパーで包み、さらにラップをまいて冷蔵庫に入れると数日間保存できます。	粉末→1年 (主要メーカーの基準より)

調味料の正しい計り方

　料理のときに便利な計量カップ、計量スプーン。目盛りがついていますが、これは容量（cc）を示すもので、重さ(g)ではありません。レシピに重さが記されている調味料や食材をスプーンやカップで計るときは、材料の種類によって量が違うので気をつけましょう。

　一般的に、計量カップの容量は200cc、計量スプーンの容量は大さじが15cc、小さじが5ccです。

　また、塩や砂糖のように、種類によって結晶の形が違い、かさばりやすさが異なっているものにはとくに注意が必要です。同じ分量のつもりでも、多くなったり、少なすぎたりすることがよくあります。

調味料の正しい計り方

液体

●大さじ（小さじ）1

液体のものはこぼれない程度に盛り上がった状態で計ります。

●大さじ（小さじ）半分、2分の1

見た目で3分の2程度になります。

粉・ペースト

●大さじ（小さじ）1

しっかり詰めて、盛り上げないですり切りにした状態で計ります。

●大さじ（小さじ）半分、2分の1

しっかり詰めてから、すり切りにし、縦半分に割って使います。

おもな調味料の容量(計量カップ、スプーン)と重さの目安一覧

水・酢・酒
- 小さじ(5cc)　　5g
- 大さじ(15cc)　15g
- カップ(200cc)　200g

塩
- 小さじ(5cc)　　6g
- 大さじ(15cc)　18g
- カップ(200cc)　240g

マヨネーズ
- 小さじ(5cc)　　4g
- 大さじ(15cc)　12g
- カップ(200cc)　190g

しょうゆ・みりん・みそ
- 小さじ(5cc)　　6g
- 大さじ(15cc)　18g
- カップ(200cc)　230g

上白糖
- 小さじ(5cc)　　3g
- 大さじ(15cc)　　9g
- カップ(200cc)　130g

ケチャップ
- 小さじ(5cc)　　5g
- 大さじ(15cc)　15g
- カップ(200cc)　230g

粗塩
- 小さじ(5cc)　　5g
- 大さじ(15cc)　15g
- カップ(200cc)　180g

グラニュー糖
- 小さじ(5cc)　　4g
- 大さじ(15cc)　12g
- カップ(200cc)　180g

ウスターソース
- 小さじ(5cc)　　6g
- 大さじ(15cc)　18g
- カップ(200cc)　240g

農林水産省「計量スプーンや計量カップの容量と重さとの関係」より

調味料の正しい計り方

正しい計り方

●**1カップ**

カップを水平な場所に置き、目盛りの位置まで目線を下げて確認します。

塩の手計り

●**少々**

人差し指と親指で軽くつまんだ量。小さじ1/8程度。肉や魚の下味つけや、細かな味の調整などの際に。

●**ひとつまみ**

人差し指と中指、親指の3本の指でつまんだ量。小さじ1/4～1/5程度。野菜の塩もみなどの際に。

●**ひとにぎり**

軽くひとにぎりした量。大さじ2～大さじ2と1/2程度。漬物をつくる際などに。

「調味料検定」模擬問題集

　本書では、調味料検定試験で実施する初級と中上級の模擬問題集を用意しました。自分が実際に受験したい級の問題を選び、これまで学んだあなたの調味料に関する知識で腕だめしをしてみましょう。

　下の図にあるように、本番の検定試験は60分間おこなわれ、合格に必要な正答率は7割です。本書では25問の模擬問題を用意したので、「19分間で18問以上の正解」が合格ラインの目安となります。

　合格ラインの点数を獲得できるまで、何度でもチャレンジしてください。

　なお、問題に取り組む際には、机の上には時計と筆記用具のみを置き、本番さながらの状況をつくりましょう。

「調味料検定」（初級／中上級）試験実施概要

受験資格	調味料に興味があるすべての方
出題形式	両級ともマークシート形式（各80問）
試験時間	両級とも60分間
出題内容	『調味料検定公式テキスト』（本書）から出題
出題内容レベル	**調味料"通"（初級）**…テキストを学習すれば合格可能。普段の料理や生活に役立つ調味料の基礎知識を学びたい方を対象とした初級レベル **調味料"名人"（中上級）**…テキストをよく学習・理解すれば合格可能。調味料の活用方法だけではなく、その文化や歴史、製法など調味料の奥深い魅力に興味がある方を対象とした中上級レベル
合格基準	両級とも正答率70％以上

模擬問題【初級】 25問

問1 料理（とくに和食）に欠かせない基本の調味料5つを表す語呂合わせはどれか。
　　1．あいうえお　2．かきくけこ　3．さしすせそ　4．なにぬねの

問2 以下のなかで、発酵によってつくられる調味料ではないものを選びなさい。
　　1．しょうゆ　2．味噌　3．酢　4．マヨネーズ

問3 次の文章はある種類のしょうゆを説明したものである。どのしょうゆか。
　　「とろみとコクのある味、独特の香りが特徴。照り焼きやせんべいによく使われる。おもな生産地は中部地方。」
　　1．濃口　2．淡口　3．たまり　4．再仕込み

問4 味噌の原材料に使わないのはどれか。
　　1．大豆　2．塩　3．小豆　4．麹

問5 ごぼうやれんこんのアクを抜き、きれいな白色にする調味料はどれか。
　　1．しょうゆ　2．酢　3．塩　4．砂糖

問6 二杯酢をつくるときの酢としょうゆの比率は？
　　1．1：1　2．2：1　3．1：2　4．1：3

問7 みりんを冷蔵庫に入れるとどうなるか。
　　1．長期間保存できる　2．糖分が固まる　3．分離する　4．凍る

問8 一般的に料理に使われることが多い酒はどれか。
　　1．蒸留酒　2．醸造酒　3．混成酒　4．発泡酒

問9 塩麹をつくるとき、水はどの程度使うのが適当か。
　　1．麹がちょうどつかる程度
　　2．麹の上部が1cm出る程度
　　3．麹がひたひたになる程度
　　4．とくに決まっていない

問10　たんぱく質は高温になると固まる性質（熱変性）がある。塩を入れるとどうなるか。
　　　1．早く固まる　2．遅く固まる　3．固まらなくなる　4．何も起こらない

問11　次のうち、海塩はどれか。
　　　1．死海の塩　　2．藻塩
　　　3．紅塩　　　　4．インカの天日塩

問12　食材を塩漬けにすると防腐効果が得られる理由で正しいものはどれか。
　　　1．塩が菌を殺すから
　　　2．塩が食材を活性化させるから
　　　3．塩が膜をつくるから
　　　4．塩が食材の水分を追い出し、雑菌が繁殖できなくなるから

問13　加熱されたでんぷんは粘り気が出て、透明になる。この現象をなんというか。
　　　1．糊化　2．糖化　3．軟化　4．気化

問14　パンを焼くときにイースト（酵母）のおもな栄養源になるのはどれか。
　　　1．塩　2．水　3．油脂　4．砂糖

問15　肉じゃがをつくるとき、鍋に最初に入れる調味料はなにか。
　　　1．しょうゆ　2．酒　3．塩　4．砂糖

問16　次のうち、もっともショ糖を多く含む砂糖はどれか。
　　　1．上白糖　2．白ザラメ　3．三温糖　4．和三盆

問17　次のうち、核酸系うま味成分グアニル酸を多く含む食材はどれか。
　　　1．昆布　2．チーズ　3．貝柱　4．干ししいたけ

問18　「うま味」を最初に発見するきっかけとなった出汁素材はどれか。
　　　1．昆布　2．かつお節　3．貝柱　4．干ししいたけ

問19 「あご煮干し」は何の魚を煮干にしたものか。
　　　1．イワシ　2．かつお　3．トビウオ　4．サバ

問20 次のうち、「一番出汁」を取るための材料の組み合わせとして、正しいものはどれか。
　　　1．かつお節と煮干し
　　　2．かつお節と昆布
　　　3．昆布と干ししいたけ
　　　4．煮干しと干ししいたけ

問21 次のうち、タルタルソースに使わないものはどれか。
　　　1．卵　2．マヨネーズ　3．ケチャップ　4．ピクルス

問22 マヨネーズを卵の代わりに天ぷらの衣に使うとどうなるか。
　　　1．ボリュームが出る　2．カラッと揚がる　3．甘味が増す　4．香りが増す

問23 唐辛子の効果としてふさわしくないのはどれか。
　　　1．減塩　2．代謝促進　3．食欲増進　4．消臭

問24 山椒の若芽や葉を何と呼ぶか。
　　　1．青山椒　2．辛皮　3．花椒　4．木の芽

問25 マヨネーズを冷蔵庫で冷やしすぎてしまうとどうなるか。
　　　1．分離する　2．溶ける　3．固まる　4．酸化する

模擬問題【初級】解答と解説

問1 回答 **3**　料理（とくに和食）に欠かせない基本の調味料は、砂糖、塩、酢、しょうゆ（せうゆ）、味噌のさしすせそです。これは入れる順番も示しています。

問2 回答 **4**　マヨネーズは発酵ではなく、乳化という作用によってつくられます。

問3 回答 **3**　とろみとコクが特徴のたまりしょうゆは、おもに中部地方で生産されています。

問4 回答 **3**　味噌のおもな原材料は、大豆、米、麹、塩などです。

問5 回答 **2**　ごぼうやれんこんを酢水に漬けると、アクを抜き、きれいな白色にすることができます。

問6 回答 **1**　二杯酢は酢：しょうゆ＝１：１の比率でつくる基本の合わせ調味料です。

問7 回答 **2**　みりんを冷蔵庫に入れると糖分が固まることがあります。

問8 回答 **2**　一般的に料理用として使われるのは清酒やワインなどの醸造酒です。焼酎や泡盛のような蒸留酒を使う料理もありますが、あまり多くはありません。

問9 回答 **1**　塩麹をつくるときは麹がちょうどつかる程度の水を用意し、日にちが経ち、水かさが減ってきたらつぎ足します。

問10 回答 **1**　塩には、たんぱく質の熱変性を促進する作用があります。そのため肉や魚の下ごしらえに使うと、食材の表面を固め、エキスを内部に閉じ込めることができます。

問11 回答 **2**　藻塩は、潮水を含ませたホンダワラなどの海藻を焼きあげるなどしてつくられる海塩の一種です。死海は湖であることに注意。

問12 回答 **4**　食材を塩漬けにすると、塩が食材内部の水分を追い出すため、腐敗させる菌が繁殖しづらくなります。

問13 回答 **1**　加熱されたでんぷんに粘り気が出て、透明になる現象を「糊化」といいます。糊化したでんぷんは時間が経つと老化し固くなりますが、砂糖を加えておくと、分子の隙間から水分を奪い、糊化状態を長く保つことができます。

問14	回答	4	パンに使われるイースト（酵母）はおもに砂糖を栄養源にして活動し、パンをふっくらふくらませます。
問15	回答	4	肉じゃがをつくるとき、鍋に最初に入れる調味料は砂糖です。基本の「さしすせそ」通りです。
問16	回答	2	ショ糖を100％近く含むのは白ザラメ、中ザラメ、グラニュー糖などのザラメ糖です。ザラメ糖からつくられる加工糖も純度が高くなります。
問17	回答	4	核酸系うま味成分グアニル酸を多く含むのは干ししいたけです。昆布、チーズはグルタミン酸、貝柱にはコハク酸が多く含まれています。
問18	回答	1	「うま味」の名づけ親である池田菊苗博士は、昆布からグルタミン酸を発見しました。
問19	回答	3	「あご煮干し」はトビウオの煮干しです。おもに長崎や福岡で生産されています。
問20	回答	2	かつお節と昆布で取る出汁を「一番出汁」といい、お吸い物などに使われます。
問21	回答	3	タルタルソースは、玉ねぎ、ピクルス、卵、マヨネーズなどからつくられます。ケチャップは入りません。ケチャップとマヨネーズなどを合わせたものは「オーロラソース」と呼ばれます。
問22	回答	2	マヨネーズを卵の代わりに天ぷらの衣に使うと、乳化された植物油が衣内部に分散し、衣の中の水分をまでしっかり揚げることができるので、カラッと揚げることができます。
問23	回答	4	唐辛子のおもな効果は、代謝促進、食欲増進、減塩です。消臭効果はありません。
問24	回答	4	山椒の若芽や葉を「木の芽」と呼びます。青山椒は熟す前の実、辛皮は樹皮、花椒は中国の香辛料です。
問25	回答	1	マヨネーズは0℃になると分離することがあります。冷蔵庫に入れるとき、直接冷気が当たらない場所で保管しましょう。

模擬問題

模擬問題【中上級】 25問

問1 味覚を構成する5つの基本味に含まれないのはどれか。
　1．甘味　2．苦味　3．うま味　4．辛味

問2 しょうゆの出荷量1位の都道府県はどれか。
　1．大阪府　2．千葉県　3．静岡県　4．長崎県

問3 白しょうゆが誕生したのはどこか。
　1．群馬県前橋市　2．茨城県つくば市
　3．愛知県碧南市　4．静岡県浜松市

問4 味噌についての記述で誤っているものはどれか。
　1．おもな原料は大豆・米・塩などである
　2．いわゆる「八丁味噌」は、豆味噌である
　3．豆味噌の製造工程で、蒸した大豆などを丸めた「味噌玉」が用いられる
　4．味噌の生産量国内1位は愛知県である

問5 米味噌、麦味噌の甘口・辛口を決める大きな要素は、食塩と何か。
　1．麹歩合　2．大豆の処理方法　3．熟成の長さ　4．発酵の長さ

問6 にぎり寿司のルーツとなった、生魚をごはんと塩で漬け込んで乳酸発酵させた食べ物は次のどれか。
　1．早寿司　2．膾　3．乳酸寿司　4．なれ寿司

問7 みりんを甘い酒として飲んでいた習慣から生まれた「みりんの焼酎割り」は次のどの名称で呼ばれるか。
　1．松蔭　2．柳生　3．柳陰　4．柳下

問8 塩麹に肉を漬けたとき、通常起こらないのはどれか。
　1．肉が柔らかくなる　2．肉が引き締まる
　3．肉がしっとりする　4．肉のうま味が増す

問9　米麹に付着して働くニホンコウジカビの学名はどれか。
　　1．サッカロマイセス・セレビシエ　　2．ラクトバチルス・フルクチボランス
　　3．アスペルギルス・オリゼー　　　　4．アスペルギルス・アワモリ

問10　次のうち、「天日」による塩の結晶のつくり方の説明について、正しいものはどれか。
　　1．加熱をして塩を結晶化させる　　2．日本ではほとんどおこなわれていない
　　3．岩塩の製造において一般的な方法である　　4．太陽光と風の力を使う

問11　次のうち、分密糖に含まれないのはどれか。
　　1．上白糖　2．グラニュー糖　3．氷砂糖　4．黒砂糖

問12　世界の食卓でもっともよく使われるといわれる砂糖はどれか。
　　1．上白糖　2．グラニュー糖　3．ザラメ糖　4．三温糖

問13　サトウキビの搾り粕の呼び名として正しいものは、次のうちどれか。
　　1．原料糖　2．バガス　3．ショ糖　4．シード

問14　「うま味」の名付け親は次のうちどれか。
　　1．中島董一郎　2．池田菊苗　3．ヒポクラテス　4．清水與助

問15　次のうち、有機酸系うま味成分コハク酸を多く含む食材はどれか。
　　1．昆布　2．チーズ　3．貝柱　4．干ししいたけ

問16　枯れ節について説明している文章はどれか。
　　1．荒節にカビをつけ発酵させたもの
　　2．かつおを煮詰めて、いぶし、乾かしたもの
　　3．マルソウダガツオでつくる節
　　4．関西では「めじ節」、関東では「しび節」と呼ぶ

問17　干ししいたけの国内生産量1位はどこの県か。
　　1．北海道　2．高知県　3．和歌山県　4．大分県

問18 ソースについての記述として、誤っているものはどれか。
1．粘り気が強い順に、濃厚、中濃、ウスターソースである
2．原材料としてもっとも用いられる果物は、りんごである
3．「焼きそばソース」は日本で生まれた
4．語源は、ラテン語で「砂糖」を意味する「sal」といわれている

問19 ケチャップに含まれるトマトの栄養成分リコピンをもっとも効果的に摂る食べ方はどれか。
1．野菜にかける　2．油を使った料理に使う
3．加熱する　　　4．常温で使う

問20 キムチにもっともよく使われる唐辛子の品種はどれか。
1．鷹の爪　2．八房　3．三鷹　4．本鷹

問21 わさびの辛味成分は次のうちどれか。
1．カプサイシン　2．サンショオール
3．ジンゲロール　4．アリルイソチオシアネート

問22 新潟県で伝統的につくられている、雪にさらした唐辛子を使った発酵調味料はどれか。
1．柚子こしょう　2．辣油　3．かんずり　4．七味唐辛子

問23 山椒の古名はどれか。
1．ハジカミ　2．サショ　3．ホワジャオ　4．からかわ

問24 計量スプーンの大さじは何ccか。
1．18　2．20　3．15　4．25

問25 わたしたちがおいしいと思うものは酸性度でどのくらいが多いか。
1．弱酸性　2．弱アルカリ性　3．強酸性　4．強アルカリ性

模擬問題【中上級】解答と解説

問1 回答 **4**
味覚を構成する5つの基本味は甘味、酸味、塩味、苦味、うま味です。辛味もおいしさを生み出す大切な要素ですが、これには含まれません。

問2 回答 **2**
しょうゆの出荷量1位は多くの有力メーカーの本社がある千葉県です。2位は兵庫県。

問3 回答 **3**
白しょうゆは愛知県碧南市で生まれました。今でもこの地域でおもにつくられ、消費されています。

問4 回答 **4**
味噌の生産量国内1位は長野県です。

問5 回答 **1**
米味噌、麦味噌の甘口・辛口を決める大きな要素は、食塩と麹歩合（大豆に対する米や麦の比率）です。基本的に、麹歩合を高くすると甘口になります。

問6 回答 **4**
生魚をごはんと塩で漬け込んで乳酸発酵させた食べ物を「なれ寿司」といいました。その後、ごはんに酢を混ぜる酢飯の寿司が登場したとき「早寿司」と呼ばれました。

問7 回答 **3**
「みりんの焼酎割り」は、柳陰と呼ばれます。

問8 回答 **2**
塩麹は肉のたんぱく質を分解するので、柔らかくなります。引き締める効果はありません。

問9 回答 **3**
ニホンコウジカビの学名はアスペルギルス・オリゼーです。サッカロマイセス・セレビシエは、酒精酵母に含まれるアルコール発酵を担う菌です。

問10 回答 **4**
「天日」とは、太陽光と風によって時間をかけて塩を結晶化させる方法です。

問11 回答 **4**
黒砂糖はサトウキビの搾り汁をそのまま煮詰め、固めた黒褐色の含蜜糖です。

問12 回答 **2**
上白糖は日本特有のもので、世界の食卓ではグラニュー糖がポピュラーです。

問13 回答 **2**
サトウキビの搾り粕をバガスと呼び、燃料として使われます。

問14 回答 **2** 　「うま味」の名付け親は池田菊苗博士です。ちなみに中島董一郎はマヨネーズ、清水與助はケチャップを日本に紹介した人物です。

問15 回答 **3** 　有機酸系うま味成分コハク酸を多く含むのは貝柱です。昆布とチーズはアミノ酸系うま味成分グルタミン酸、干ししいたけには核酸系うま味成分グアニル酸が多く含まれています。

問16 回答 **1** 　枯れ節とは、荒節にカビをつけて発酵させたものです。かつおを煮詰めて、いぶし、乾かしたものは荒節、マルソウダガツオでつくる節はそうだ節、関西で「めじ節」、関東で「はしび節」と呼ぶのはまぐろ節です。

問17 回答 **4** 　干ししいたけの国内生産量1位は大分県です。半分近くを占めています。

問18 回答 **4** 　ソースの語源は、ラテン語で「塩」を意味する「sal」です。

問19 回答 **2** 　リコピンは油に溶けやすいので、一緒に摂るのが効果的です。加熱してもOKです。

問20 回答 **2** 　キムチにもっともよく使われる唐辛子の品種は八房です。

問21 回答 **4** 　わさびの辛味成分はアリルイソチオシアネートです。カプサイシンは唐辛子、サンショオールは山椒、ジンゲロールが生姜の辛味物質です。

問22 回答 **3** 　新潟県で伝統的につくられている、雪にさらした唐辛子をつかった発酵調味料はかんずりです。柚子こしょう、辣油、七味唐辛子は発酵食品ではありません。

問23 回答 **1** 　山椒の古名はハジカミです。ホワジャオは中国の花椒、からかわは「辛皮」で、山椒の樹皮です。

問24 回答 **3** 　計量スプーンの大さじの容量は15ｃｃです。

問25 回答 **1** 　わたしたちがおいしいと思うものの多くは弱酸性です。しょうゆは料理を弱酸性にする働きがあるので、かけるとおいしさを感じるのです。

索引

あ

- 青口煮干し……94
- 青こしょう……123
- 青山椒……127
- 赤こしょう……123
- 赤砂糖……72
- あご煮干し……95
- あちゃら酢……49
- アップルビネガー……47
- アデノシン三リン酸……90
- 甘酢……49
- アミノカルボニル反応……67,76
- アミノ酸……10,26
- アミノ酸液……17,133
- アミラーゼ……10,26,85
- 荒節……92
- 淡口しょうゆ……10,12,14,18,131,158
- アンダンスー……35
- イオン交換膜法……56,142
- 石狩鍋……34
- イタリアンドレッシング……50
- いちじく酢……45
- 一番出汁……99
- 一味唐辛子……118,120
- イノシン酸……11,31,88,92,102
- インカの天日塩……57
- 上白糖……65
- うす塩……15
- ウスターソース……103,113,114
- うま味……26,82,88
- うま味調味料……102
- 梅酢……43
- ウルメイワシ……95
- うるめ煮干し……95
- 栄養表示基準……68
- えび塩……63
- 塩化ナトリウム……54,56
- 大麦黒酢……45
- オーロラソース……106
- 沖縄の塩……56
- お好みソース……113,114
- オムレツソース……115
- オリゴ糖……76,85

か

- ガーリック塩……63
- 海塩……56,63,142
- かえり煮干し……94
- 加温醸造……26
- 柿酢……45
- 角砂糖……71
- 角煮ダレ……21
- 加工糖……71
- 果実酢……45
- 粕酢（赤酢）……44,141
- 花椒……127
- カタクチイワシ……94
- かつお節……87,90,91,159
- 果糖……66
- カプサイシン……118
- からしれんこん……34
- カラメルソース……73
- カレー塩……62
- 枯れ節……92
- カロテノイド……108
- 岩塩……57,142
- 緩衝能……11
- かんずり……120
- 含密糖……71
- 甘露しょうゆ……13
- 刻み昆布……93
- 北前船……92
- 木の芽……127
- きび酢……44
- 基本味……10,26
- 魚醤……24
- 吟醸酒……83
- グアニル酸……11,88,96,102
- クエン酸……42,43,76
- グラニュー糖……65,69,146
- クリーミードレッシング……106
- グルタミン酸……10,11,26,31,76,88,92,102
- 車糖……69
- グレイビーソース……115
- 黒こしょう……117,123
- 黒砂糖……71
- 黒蜜……73
- 削り節……92
- ケチャップ……103,108,109,155,156,159
- 減塩……40
- 減塩しょうゆ……15
- 玄米酢……44
- 濃口しょうゆ……10,12,14,18,130,158
- 香茹……97
- コウジカビ……16,150
- 麹菌……10,16,76,130,150,158
- 麹歩合……137
- 香信……96
- 合成酢……43,46
- 香煎……30,137
- 香醋……47
- 酵母……10,16,67,130,140
- 湖塩……58,142
- 氷砂糖……71
- CODEX……55
- 糊化……66
- 穀物酢……39,43,44,158
- ココナッツビネガー……47
- こしょう……117,122,128,159
- 粉砂糖……71
- 粉山椒……127
- コハク酸……10,88
- ごま塩……62
- ごま酢……49
- ごまドレッシング……51
- ごま味噌……36
- 米黒酢……43,44
- 米麹……81,85,140,150
- 米酢……39,43,44,140,158
- 米味噌……25,28,32,136,158
- コリアンソース……115
- 混合醸造方式……10,16,17,133
- 混合方式……10,16,17,133
- 混成酒……83
- 昆布……92
- 昆布茶……93
- 金平糖……74

さ

- 再仕込み……10,12,14,132,158
- サウザンアイランドドレッシング……111
- 酢酸……10,43,89
- 酢酸菌……40,140
- サトウキビ（甘蔗）……44,66,69,72,102,145
- さば節……92
- サバ味噌ダレ……37
- ザラメ……69,146
- サルサソース……110
- 三温糖……71,146
- 山椒……117,126,159
- 山椒塩……62
- サンショオール……126
- 三杯酢……48
- シーザードレッシング……50
- 塩麹……81,85,86
- 塩なれ……26
- 死海の塩……58
- しそ塩……63
- 七味唐辛子……118,120
- シベリアの岩塩……57
- JAS規格……12,14,43
- 醤（ジャン）……23,134
- 純米酒……81
- 醸造酢……43
- 上白糖……69,146
- しょうゆ洗い……11
- しょうゆ麹……16
- しょうゆドレッシング……51
- 蒸留酒……83
- 食塩……54
- ショ糖……66
- 白口煮干し……94
- 白こしょう……117,123
- 白しょうゆ……10,12,14,133,158

173

白だし……………………13,20	二杯酢………………………48	マスタードマヨネーズ…………107
シロップ………………………73	二番出汁………………………99	抹茶塩…………………………62
白身魚の煮付けタレ……………21	煮干し………………87,94,158	豆麹……………………………137
白ワインビネガー………………43	乳化…………………104,154	豆味噌
辛皮……………………………127	乳酸……………………26,76,89	……13,25,28,32,137,138,158
すき焼き割下……………………20	乳酸菌……………………10,16	マヨネーズ
寿司酢…………………………49	ネギ味噌………………………36	………………103,104,154,156,159
酢締め…………………………40	濃厚ソース………………103,112	マヨネーズタイプ調味料………105
酢豚タレ……………………… 111		マリネ液………………………48
清酒……………………… 83,151	**は**	丸大豆…………………………16
精製塩…………………………56	BBQソース……………………110	味噌かつ………………………34
西洋わさび……………………124	バジル塩………………………63	味噌かつソース………………37
セロトニン……………………68	裸麦……………………………30	味噌玉…………………30,132,137
全卵型……………………103,105	パタゴニア湖塩………………58	味噌田楽のタレ………………37
そうだ節………………………92	発酵	味噌ドレッシング……………51
ソース………………103,155,157	……10,26,40,130,132,134,136	みたらしダレ…………………73
	発酵調味料……………………78	みりん風調味料……………75,78
た	八丁味噌………………………137	みりんプリン…………………80
大豆レシチン…………………27	八方出汁………………………20	無塩可溶性固形分 ………15,43
鷹の爪………………………… 119	花山椒…………………………127	麦味噌………25,28,32,136,158
脱脂加工大豆……………16,130	花わさび………………………124	メイラード反応………11,28,67,76
種麹………130,131,132,134,148	ハバロネ………………………119	メラノイジン…………11,27,67,76
種酢……………………………140	バルサミコ酢……………43,45	明太子マヨネーズディップ……107
玉酒……………………………82	葉わさび………………………124	藻塩……………………… 56,144
たまり…………10,12,14,18,132	ばんけい味噌…………………35	モルトビネガー………………47
タルタルソース………………106	日高昆布………………………93	諸味…10,13,16,17,130,131,132,
窒素分…………………………15	ビネガー………………………41	133,140,148,150
中華ドレッシング……………50	ピペリン………………………122	諸味酢…………………………43
中濃ソース……………103,112,114	ヒマラヤの岩塩………………57	モンゴルの岩塩………………57
調合味噌………………………29	冷やし中華のタレ……………21	
チリソース……………………110	冷や汁…………………………35	**や**
チリパウダー…………………120	氷酢酸…………………………43	焼きそばソース……………… 113
漬けしょうゆ…………………21	平子煮干し……………………95	八房……………………………119
でこまわし……………………35	品質表示基準制度……………15	柳陰……………………………149
デミグラス風ソース…………115	ブドウ糖……………10,66,76	有機酸……………………40,76
照り焼きダレ……………21,135	フレンチドレッシング………50	雪塩……………………………56
テンサイ（甜菜）……66,69,72,145	プロテアーゼ………10,85,150	柚子こしょう…………………121
天然醸造………………………26	ふろふき大根のタレ…………37	ゆず塩…………………………63
天日法…………………………142	分蜜糖…………………… 69,146	
でんぷん………………66,76,113	ペクチン………………………67	**ら**
唐辛子……………………117,158	紅塩（ローズソルト）…………57	ラー油…………………………121
土佐酢…………………………49	ペプチド…………………10,27	羅臼昆布………………………92
トビウオ………………………95	回鍋肉のタレ…………………37	卵黄型……………………103,105
トマトソース…………………110	ポークチャップのタレ……… 111	リコピン…………………104,108
トマトピューレ……………109,155	干ししいたけ………87,96,159	利尻昆布………………………92
トマトペースト……………109,155	ポリフェノール………41,43,54	料理酒…………………………83
トリメチルアミン…………11,82	本醸造酒………………………83	リンゴ酸………………………43
どんこ…………………………96	本醸造方式…………………10,16	りんご酢………………43,45,140
	ポン酢…………………………51	レモンマヨネーズドレッシング……107
な	本鷹……………………………119	ロイシン………………………76
長こしょう……………………123	本みりん……………… 75,78,148	
中ザラメ………………………69	本わさび………………………124	**わ**
生揚げ		ワインビネガー………………45
……10,13,17,130,131,132,133	**ま**	わさび……………… 117,124,159
南蛮酢…………………………49	マイワシ………………………95	わさびドレッシング…………51
煮切り酒………………………82	まぐろ節………………………92	和三盆…………………………71
肉味噌…………………………36	真昆布…………………………92	和風ドレッシング……………51

参考文献・協力（敬称略）

<参考文献・Webサイト>
『素材よろこぶ 調味料の便利帳』（2012年）高橋書店編集部 高橋書店
『調味料の基礎知識』（2010年）柹出版社 柹出版社
『しょうゆの不思議 世界を駆ける調味料 改訂版』（2012年）東成社 日本醤油協会
『都道府県伝統調味料百科』（2013年）成瀬宇平 丸善出版

財団法人日本醤油技術センター（https://www.soysauce.or.jp/gijutsu/top.html）
全国味噌香魚共同組合連合会（http://www.zenmi.jp/）
全国食酢協会中央会　全国食酢校正取引協議会
（http://www.shokusu.org/index.html）
公益財団法人塩事業センター（http://www.shiojigyo.com/）
日本精糖協会（http://nihonseitoukyoukai.jp/）
全国味醂協会（http://www.honmirin.org/）
日本吟醸酒協会 公式サイト（http://www.ginjyoshu.jp/index.php）
日本発酵文化協会（http://hakkou.or.jp/）
全国マヨネーズ・ドレッシング類協会（http://www.mayonnaise.org/）
一般社団法人 全国トマト工業会（http://www.japan-tomato.or.jp/index.html）
一般社団法人 日本ソース工業会（http://www.nippon-sauce.or.jp/）
全日本スパイス協会（http://www.ansa-spice.com/index.html）

その他、各関係機関・団体のＷｅｂサイト

<写真提供（掲載順）>
キッコーマン株式会社
ホシサン株式会社
キッコーナ株式会社
エスビー食品株式会社
ユウキ食品株式会社
株式会社 諸井醸造
株式会社 Mizkan Holdings
有限会社エビス堂製菓
ブルドックソース株式会社
マルコメ株式会社
大日本明治製糖株式会社

<商品名協力>
株式会社パラダイスプラン

<撮影協力>
ギャラリー 一客（TEL 03-5772-1820）
UTUWA（TEL 03-6447-0070）

調味料検定
https://www.kentei-uketsuke.com/chomiryo/

監修(栄養)	大越郷子(管理栄養士)
監修(レシピ)	田中友梨(管理栄養士)

構成・執筆	古田　靖
撮影	さとう誠子
装丁・本文デザイン	田中玲子(株式会社ムーブエイト)
スタイリング	櫛田絵美
DTP	株式会社エストール
編集協力	株式会社風土文化社

調味料検定公式テキスト

2015年12月23日　初版第1刷発行
2022年12月16日　初版第3刷発行

編　者	実業之日本社
発行者	岩野裕一
発行所	株式会社実業之日本社
	〒107-0062 東京都港区南青山5-4-30 emergence aoyama complex 3F
	【編集部】03-6809-0452
	【販売部】03-6809-0495
	https://www.j-n.co.jp/
印刷・製本	大日本印刷株式会社

©Jitsugyo no Nihon Sha, Ltd. 2015 Printed in Japan
ISBN 978-4-408-11166-7（学芸）

本書の一部あるいは全部を無断で複写・複製（コピー、スキャン、デジタル化等）・転載することは、法律で定められた場合を除き、禁じられています。
また、購入者以外の第三者による本書のいかなる電子複製も一切認められておりません。
落丁・乱丁（ページ順序の間違いや抜け落ち）の場合は、ご面倒でも購入された書店名を明記して、小社販売部あてにお送りください。送料小社負担でお取り替えいたします。
ただし、古書店等で購入したものについてはお取り替えできません。
定価はカバーに表示してあります。
小社のプライバシー・ポリシー（個人情報の取り扱い）は上記ホームページをご覧ください。